最佳保健
養生寶典

吃對鹼性食物

讓你遠離文明病

程安琪、陳盈舟 著

作者 程安琪

大學畢業後即跟隨母親傅培梅學習烹飪，烹飪教學經驗 28 年，曾與母親一起主持台視「傅培梅時間」、「美食大師」，另外亦主持太陽衛視「讀賣中國菜」、新加坡電視「名家廚房」、國寶衛視「國寶美食」，及國內許多美食節目的示範，親切認真的教學、專業詳細的解說深受觀眾喜愛。

食譜書著作有：
女性調理藥膳大全、請客、好吃豆腐、美味台菜、精緻家常菜、創意家常菜、輕鬆上菜系列、一網打盡百味魚、 手做醃菜、熱炒、培梅家常菜等等 40 多本食譜書。

文字執行 林麗娟

資深的報社美食記者，中醫師的女兒

建議融合營養、美食、生機概念、中西醫保健養生觀念於日常飲食多攝食天然純淨飲食，少碰人工化學添加物，有助還原清新味蕾和身體健康。

作者 陳盈舟

25 年烹飪教學經驗。曾任教於中國烹飪補習班、聯勤總部、中央警官學校、南門國中教師烹飪研習營，現在任教於台北市農會創業小吃研習班。

食譜書著作有：
流行創業小吃、智慧健康素，與程安琪老師合著蒸的清爽、 手作醃菜、好吃豆腐等。

生機諮詢 孫儷庭

1949 年生，從事生機飲食料理實務與推廣 17 年以上，曾任仰德中醫顧問中心及六合堂中醫的生機顧問、中華民國有機協會理事出版有多本生機飲食著作，現任寶島有機協會顧問。

自序

正確的吃，能吃進健康，有了健康的身體，就能擁有健康的生活，每日的三餐飲食，如果總是吃一些酸性食物，把體質環境打造成一個容易罹患心血管疾病、慢性病的酸性環境，這個錯誤多麼可怕。

錯誤是可以改正的，也是可以預防的，雖然從小養成的飲食習慣，一旦要改變並不容易，不過，讀者可以藉由先認識有益健康的鹼性食材，然後再來為自己和全家人準備既美味又健康的鹼性菜色。當您多吃一次鹼性食物、少吃一次酸性食物，就能為身體的健康正向加分，慢慢地調整體質，吃出健康、養生防病。

我在這本食譜書裡，規劃以 64 項常見的鹼性食材來做開胃菜、主菜、主食、湯品和飲料，包括根莖類、蔬菜類、果類、豆類、蕈藻類及其他一些較難歸類的食材，當然水果也是優質的鹼性食材。

食材有些很難界定，以蛋來說，蛋黃是酸性的、蛋白是鹼性的，所以鼓勵多吃蛋白而少吃蛋黃，促進身體生長發育、增強體力，幫助新陳代謝，進而可防止膽固醇和血脂肪的升高，因此經過篩選，只把蛋白列入鹼性食材表上。書中示範的菜色，能為您貢獻一道道足可安心食用的好料，相信您按照本書做菜，兩、三次後就會很有概念，並且能得心應手。

以烹飪方法而言，保持鹼性食材的鹼性機能、儘量不流失和不變酸的技法，就是不要予以高熱來炒烤，因此除了沙拉涼拌、打果菜汁等做法，建議讀者參照本書大部分食譜的示範，不煮到全熟或過熟，水一燒開或燒熱就熄火，炒菜時也不要大火快炒而是適時熄火，再讓鍋中餘溫把菜料燜熟；青菜汆燙後可略泡冷水或放冰水裡保持青翠色澤和鮮嫩口感，並加以適量的鹼性食材調味料，這樣一來，食物的鹼性才能不被破壞，才能攝取得較完整。要改變料理方式、飲食習慣不是說改就可以改，您慢慢嘗試，最後就會自然而然地養成了新的健康好習慣了。

防止體質酸化，就是防止身體老化，除了能夠預防心血管疾病、動脈硬化、潰瘍、糖尿病、神經病、風濕病、關節炎、肝硬化、中風、尿毒症、癌症等等，同時也能青春抗氧化、排毒輕鬆有活力、日本人三大死亡因素──中風、癌症、心臟病，日本的醫學專家現在警告大部分都是導因於動脈硬化而造成的，所以一再主張少吃肉食和甜點、多吃鹼性蔬果飲食，多多接近鹼性飲食，正如同掌握住了青春的密碼，保持年輕健美、機能循環運轉良好的身心靈，不必靠外在打針吃藥、整型手術，而是讓您吃美好的、可口的、清爽的鹼性食物，沒有什麼比這條捷徑更輕而易舉的了。

我長久以來一直希望在研究美食、食補、養生、健康吃法的豐富經驗之下，能著述一本最有益全體讀者朋友的食譜好書，在此理念下，終於促成了這本書的問世，為了讓讀者有多樣化的菜色可供學習、參照，每項食材我也做好二、三道的廚藝展示，目的只有一個，希望您吃得好、吃進健康，吃得身心愉悅、精力充沛、神采飛揚，那將是我最大的欣慰。

程安琪

推薦序

現代人都很重視身體的酸鹼中和性和體質的保養，因為維持略鹼的體質才能維持身體順暢的新陳代謝。

在市面上有不少標榜含有鹼性活水、喝了能讓身體達到酸鹼中和的水，就有記者來訪問我請教「那些家裡沒有活水、沒錢常買鹼性水的人該怎麼辦？」站在我身為專業營養師並且多年來一直從事臨床療養實務的立場來看，其實只要是乾淨的水就是好水，不一定要刻意去攝取所謂的鹼性水等商品，如果要花錢購買市售包裝好的商品，應認清來源、確認標示、了解商譽和是否值得信任。我總建議民眾若想獲得鹼性離子，只要從均衡飲食裡多注意保健，多攝取天然的鹼性蔬果等食品就可以了。

有些理論認為酸性體質者比較容易罹患癌症、慢性病或被蚊子叮咬。一般而言，人體的血液應該是屬於弱鹼性的，但這個弱鹼值很接近中性，人體對於血液酸鹼值自有它一套平衡的機制，以維持體內酵素和新陳代謝的正常運作。常吃蔬果等鹼性食物有助於預防現代人的慢性文明病，而更重要的前提是營養均衡，日常飲食符合健康均衡的原則。

「少大魚大肉、多攝取蔬果」，這句話已成為現代人預防疾病，追求養生的法則。這是因為肉類除了是酸性食物外，攝取過量時其所含多量的脂肪及蛋白質容易造成身體健康的負擔，而蔬果大多屬於鹼性食物，富含有豐富的維生素、礦物質及纖維質，同時含有多種植物天然成份，如花青素、類胡蘿蔔素、葉綠素、黃酮素等抗氧化物質，能維持身體最佳的新陳代謝及保健作用。所以建議以均衡飲食的原則為基礎，依照個人的情況攝取日常飲食，並且每天至少 5 份蔬菜及水果 (約相當於半斤蔬菜及半斤水果)，如果可以的話甚至 7 份或 9 份，可以讓身體更輕鬆無負擔。

喝什麼水才好呢？只要乾淨、煮沸過的水就是好水，市售諸多活水、電解水標榜鹼性保健，但要馬上喝了才有益，否則杯子裡的水一接觸空氣過久即會還原，倒是擁有正確的飲食觀念就擁有一生健康，是最有價值的。

欣見烹飪專家、食譜書專家程安琪製作豐富料理，在這本書裡呈現可供讀者多樣化選擇的鹼性美食，關心健康，大家的健康指數一定往上升。我樂於推薦，也祝大家在營養均衡的同時，生活得更清爽，也為健康加分。

成大醫院營養部主任 郭素娥

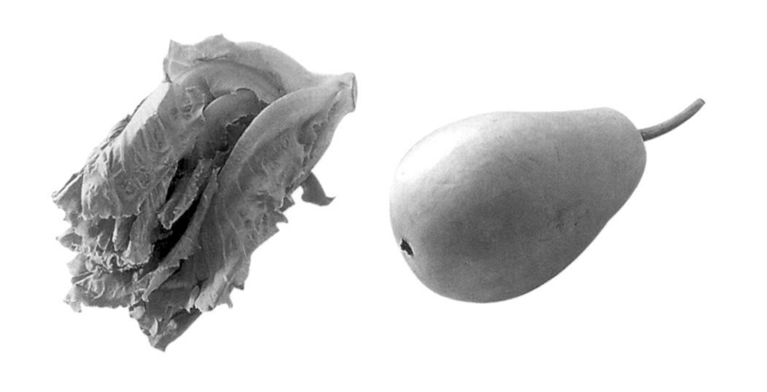

推薦序

有些人特別容易遭到蚊子叮咬，而後馬上就紅腫一大塊，久癢不消；若是從小看大，這種酸性的體質；正是大多數癌症患者所有的體質，要遠離疾病和腫瘤癌症，一定要正視體質酸鹼性的問題，把體質經常調整維持在弱鹼性狀態，保持健康和生命力。

人在出生以後的嬰兒時期，體質都是屬於弱鹼性的，既是正常的，也是健康的，然而隨著年齡的增加，漸漸攝取了過多的乳酸性食物，飲食習慣不良，再加上課業、工作、經濟、人際關係的壓力，情緒緊張，步調失常，心情煩躁，熬夜失眠，種種生活作息、身心平衡都出狀況，於是很多成年人的體質很容易呈現酸性 ，甚至，酸性越來越強，已不易恢復正常的弱鹼性了。

酸 體質的表癥除了較容易吸引蚊子叮咬以外，皮膚是體質、血液、內臟機能的外在鏡子，酸性體質者膚色暗沈較無光澤、臉上有黑斑或老人斑、容易長斑生皺紋以及皮膚鬆弛老化、容易患香港腳和皮膚癬疹、體力不佳、腰膝痠軟無力、稍做運動就疲勞不支、上下樓梯動輒喘氣而上氣不接下氣、作和反應遲緩、肥胖、下腹部突出贅肉多而肥胖、容易疲憊懶得説話、胃酸過多而導致消化性潰瘍、熬夜失眠情況越來越嚴重、脾氣暴躁沒耐性、心血管健康開始拉警報，這些還只不過是酸性體質的一部分癥狀而已，真的仔細檢討起來，令人驚心。

於是，很多人開始捨棄抽菸、喝酒、濃茶、咖啡、蛋糕甜點巧克力、熬夜惡習，多加親近生機飲食，如果在日常三餐生活裡不易做到多餐的生機飲食，我建議儘量採行或選取就可以了，至少跨出了改變酸性體質的第一步，您可以抱持愉快輕鬆嘗試的心情，常常去吃沙拉吧、素食、蔬食餐， 買有機的、鹼性的、天然養生的調味料和食材，一年做一次抽血健康檢查，而這本由程安琪老師與陳盈舟老師製作示範的鹼性食譜書絕對有理由擺在您的書桌上或餐桌上、廚房的菜譜架上。

增加與鹼性食物的接觸機會，就是拉近自己與健康的距離，在此樂於推薦這本極有創意的好書。

生機飲食專家　孫儷庭

前言

認識酸性體質

根據統計，國內 70% 的人具有酸性體質。酸性體質有一個很大的特徵，吃得越好，得慢性疾病的機率就越高，因為體質變酸，體內的酵素作用受到阻礙，內分泌失調，荷爾蒙也受阻礙，新陳代謝根本無法正常運行，於是埋下病變的因子。

酸性體質的人如果有著強烈的欲望要享受美食，吃大魚大肉，或是經常趕赴應酬，大吃所謂有營養的食物如魚翅、龍蝦、鵝肝醬，那更是雪上加霜，只會讓身體的情況越來越糟。

問題的根源就在於酸性體質必須被自己改變，那得先改變心態、認知觀念和飲食習慣，才是根本解決之道，這把健康的鑰匙，正掌握在自己的手裡，醫師、營養師、專家學者都只是輔佐你的人。

酸性體質是怎麼來的

過度攝取乳酸食品會導致體質變酸

肉類、乳酪製品、蛋、牛肉、火腿、化學加工品、非天然的果汁可樂汽水等，都屬於酸性食品。

熬夜會使體質變酸

中醫師總是建議晚間 11：00 就該睡覺了，才能讓身體的肝臟獲得休養生息，西醫也警告少熬夜，最晚也應在半夜 1：00 以前上床就寢，因為半夜以後人體的代謝作用是由內分泌燃燒而供應的，用內分泌燃燒所產生的毒素會很多，會使體質變酸，通常熬夜的人得慢性疾病的機率比抽煙、喝酒的人都來得高，所以每天儘量在 12：00 以前睡覺，不要常熬夜，熬夜次數最多以一星期一次為限，否則體質酸化以後，不易挽救導正。

吃宵夜會使體質變酸

不少人一熬夜讀書、工作、上網或聊天，就會肚子餓，熬夜時不應吃屬於酸性食物的肉類，不要吃防腐劑和化學調味料很高的泡麵，儘量吃碳水化合物，不妨喝點水、吃點蔬果，這樣才不會惡循環又加重身體的酸化。

時常交際應酬吃宵夜的生意人，易患糖尿病、高血壓，一個人到了深夜，身心仍處於壓力狀態，沒辦法獲得休息，甚至還要拚酒加重肝臟的負擔，當然有礙健康與壽命。

中西醫師、營養師都建議入夜後在 9：00 以後不要再進食，否則就等於是在吃宵夜，吃宵夜不僅造成內臟負擔、體質酸化，第二天還會很疲倦，這是因為食物留在腸子裡會變酸、發酵、產生毒素，必然傷害身體。

晚起的人體質變酸

書本、長輩都教我們早睡早起身體好，如果熬夜晚睡，第二天又睡到很晚才起床，血液循環變慢變差，氧氣也就是身體血液內的帶氧量跟著減少，於是形成缺氧性的燃燒來供給能量，如此就會使體質變酸。

不吃早餐的人體質會變酸

一日之計在於晨，一天三餐中，早餐最重要，但有越來越多的人普遍不吃早餐，不注重早餐，反而養成了吃宵夜的習慣，晚睡晚起，第二天過午後才起床，把去飯店、餐廳吃百匯式的下午茶當成時尚，這是非常糟糕的飲食習慣；此外，學童不吃早餐則會影響成長和對課業的專注力，學習效果較差。

重視早餐，就要吃對，別把酸性食物的熱狗、絞肉排漢堡、紅茶咖啡或化學色料果汁當早餐，而應儘量攝取鹼性的食物如蛋白、豆腐、豆漿、牛乳、蔬果，內容豐富實在，足以耐燃燒，提供身體 4-5 小時所需的能量，最是理想，鹼性飲食的一天也就很美好地展開了。

精緻食物會加速體質變酸、胃腸老化

少運動，整天坐辦公室的上班族，本來就容易體質酸化，如果加上懶得咀嚼粗纖維的全穀類和粗糙食物，而貪吃那些柔滑順口的精緻食物如糕餅點心和貢丸香腸等加工品，體質酸化，腸子老化得特別快，肝功能也變差，大便是黑色，還常會便祕，因為精緻的食物缺乏纖維素，會導致腸子功能變差，甚至萎縮，所吃的食物反而囤積而製造毒素，如此反覆使體質酸化後再變酸，慢性病於焉開始。

酸性體質的壞處

熬夜又多吃肉容易造成酸性體質，罹患癌症等文明病機率相對地增高，因此應少攝食肉類等酸性食物，避免通宵熬夜。如能把中醫食療方法融入平常養生功課裡，就能獲得最佳體能。健康人的血液是呈弱鹼性的，一般初生嬰兒也都屬弱鹼性體液，但隨著體外環境污染及體內不正常生活及飲食習慣，使大家的體質逐漸轉為酸 。

85% 的痛風、高血壓、癌症、高脂血症患者都是酸性體質，酸性體質的人稍作運動即感覺疲勞，上下樓梯容易喘，體態是肥胖、下腹突出的。

常見的酸性食品包括蛋黃、精緻的西點、乳酪、烏魚子、柴魚、肉類、花生、啤酒等。發育中的少年多吃肉類等酸性食物沒關係，還能攝取營養，並在正常的新陳代謝前提下、適度消化吸收與排泄，但上了年紀的中老年人則要少吃酸性食物，多吃蔬菜等鹼性食物，以平衡體質。餐飲業及企業界往往在下午時段安排有下午茶時間，但喝茶及喝咖啡的時間最好於上午 9：00 至 11：00，因為這個時候最不傷身，提神效果也最好，到了下午再喝茶或咖啡，並不值得鼓勵。

了解鹼性食物好處

人類要能預防癌症，必須先增加自己的抵抗力、免疫力，癌症病人經血液檢查的結果，85%都是酸性反應，比較之下，與大自然田野、粗食為伍的鄉下農夫和長期蔬果素食的佛寺僧尼，體質都偏屬優質弱鹼性，罹患癌症比例低。現在起，不妨少吃酸性的葷食，多吃鹼性食物，同時多吃綠藻，保持情緒平穩愉快，踏出遠離疾病的第一步。

鹼性飲食邁向健康

另外，美國半導體業霸主英特爾公司董事長葛洛夫曾罹患攝護腺癌，經接受治療、恢復正常生活後，他養生的祕訣是每天都喝新鮮現榨的柳橙汁、綠茶萃取粉末和熟黃豆加蛋白混合調製的果汁，也常吃豆腐。

梅子是我國特產，吃梅子能殺菌兼有淨化酸性血液，有助排除食物的毒、水的毒和血的毒，一般健康人的血液是經常保持在中性至微鹼性的，如砂糖、牛肉、白米、酒等食品都是酸性食物，建議在吃以上酸性食物的同時，想到多多以牛乳、海藻類、蔬菜類、酸梅等鹼性食品來加以中和，一般需要大量的鹼性食品才能達到中和的作用，例如要中和 100 公克的酸性食品蛋黃，需要 1200 公克的洋蔥或 400 公克的甘藍菜才能達到中和的效果，但如果以酸梅來中和的話，因酸梅含有充分的鈣、鈉、磷、鐵等成分，只需 5 公克即可。酸梅既是強力的鹼性食品，可以達到淨化血液的作用，建議多吃酸梅，中和酸性體質，讓自己常保健康。

中醫建議配合五臟六腑的分時運作機能吃梅子：

14：00　左右吃一粒梅子有助改善消化不良，
15：00　吃梅子降膽固醇，
16：00　防心肌梗塞，
17：00　防治膀胱發炎，
18：00　治膝蓋酸痛，
19：00　幫助消化，
20：00　助血液循環通暢，
21：00　解除疲勞，
22：00　解除眼睛疲勞，
23：00　退心火好入睡。

常見食物的酸鹼性

強酸性食品：蛋黃、乳酪、白糖做的西點或烏魚子、魚子醬、魚卵、柴魚等。

中酸性食品：火腿、培根、雞肉、鮪魚、豬肉、鰻魚、牛肉、麵包、小麥、麵條、奶油、馬肉等。

弱酸性食品：白米、落花生、啤酒、酒、油炸豆腐、海苔、文蛤、章魚、泥鰍等。

強鹼性食品：葡萄、茶葉、葡萄酒、去殼的菱角、海帶芽、海帶等。天然綠藻富含葉綠素，是不錯的鹼性健康食品。

中鹼性食品：蘿蔔乾、大豆、紅蘿蔔、番茄、香蕉、橘子、南瓜、草莓、蛋白、梅乾、檸檬、菠菜、白菜、捲白菜、生菜、馬鈴薯、柑橘、西瓜、香蕉、草莓、栗子、山楂、番茄、天然醋等。

弱鹼性食品：紅豆、蘿蔔、蘋果、甘藍菜、洋蔥、豆腐、豌豆、綠豆、油菜、芹菜、番薯、蓮藕、洋蔥、茄子、黃瓜、蘑菇、白蘿蔔、牛奶等。茶類不宜過量，最佳飲用時間為早上。

增強鹼性體質，追求健康

循序漸進體驗有機飲食

首先是可以減少不必要的食品添加物攝取。回歸到不過度加工的純淨食品年代，減少不必要的食品添加物攝取，是實踐有機飲食的第一步，也是最容易執行的，如此也能保護肝腎臟功能，預防致癌的危險。

少油、少鹽、少糖簡單烹調

口味清淡、攝取適當，就不致造成心血管與腎臟很大的負擔，最新鮮的魚總是以生魚片、清蒸或煮清湯的方式烹調呈現的，唯有如此才吃得到魚的原有美味。

選購有機蔬果等認證食材

有機蔬果的種植標準是兼顧到土壤的改良、有機肥的施作、減少不必要的農藥使用，都會居民可以選擇農林廳輔導種植的有機蔬果品質認證標示，吃得有營養、有機、安全無農藥殘留，也吃得比較安心。

少喝奶茶

營養師認為奶茶是高糖、高油、高熱量、 乏營養價值的食物，少吃為妙，否則身體的酸性指數又要衝高。奶茶所加的奶精，多由椰子油製成，喝多了容易發胖，脂肪容易堆積在肚子上，形成中廣體型，很多習慣喝奶茶的人想要減肥，第一件事就是戒奶茶。椰子油中含有大量飽和脂肪酸，會加速體內製造膽固醇，血脂肪也會急速上升，形成血管硬化，長期大量飲用，容易罹患高血壓、糖尿病等慢性病。曾有統計數字顯示，大量飲用奶茶超過 3 個月，血脂肪及膽固醇都會升高。奶茶只是油和糖的結合，因為奶精並非牛奶製成品，奶茶中又有大量糖分，幾乎不含鈣質，根本無法補充鈣質，還對身體有很大的傷害。所以應少喝奶茶，才能保持身體的健康。

輕鬆遠離酸性體質

養成定期健康檢查、飲食均衡、適度運動、戒除菸酒等良好生活型態，健康活到老。

腦中風及心肌梗塞好於冬季發病，腦中風是腦部血管有局部性的阻塞或出血，造成腦部組織受損，其症狀為突然發生肢體麻痺、意識模糊或昏迷、語言不清、嘴歪、眼斜、步伐不穩等現象。

而心肌梗塞是一種冠狀動脈心臟病，心肌梗塞發作時，病人的胸口會有悶痛感，病人看起來很難過、疲倦、出冷汗且呼吸短促。

預防及飲食治療的原則，就是從改變酸性體質做起，四十歲以上的人應定期做健康檢查，檢查血壓、血糖及血膽固醇，接下來，控制熱量攝取，維持理想體重，每日均衡攝取六大類食物包括奶類、五穀根莖類、肉魚豆蛋奶類、蔬菜類、水果類及油脂類，要定時定量，且要控制油脂攝取量，少吃油炸、油煎或油酥的食物、肥肉、各種肉類外皮、花生、腰果、瓜子等。

注意以下原則，遠離酸性體質，你會更健康：

健康用油免煩惱

炒菜宜選用不飽和脂肪酸高的植物油如花生油、菜籽油、橄欖油等，少用飽和脂肪酸高的動物油如豬油、牛油、奶油等，並且不要為了省小錢而使用回鍋油，否則對健康傷害很大。

烹調方式盡量簡單 用低刺激性調味品

烹調宜多採用清蒸、水煮、涼拌、烤、燒、燉、滷等方式，並多利用刺激性較低的調味品增加香味，例如花椒、八角、蔥、蒜、糖、醋、五香等。

少膽固醇、高纖維飲食

少吃膽固醇含量高的食物如：內臟（腦、肝、腰子等）、蟹黃、蝦卵、魚卵等，常選用富含纖維質的食物如：未加工的豆類、蔬菜、水果、全穀類（糙米、燕麥、全麥麵包）、蒟蒻、仙草、愛玉及洋菜凍等。

多醣類食物取代精緻食物

多採用多醣類食物，如五穀根莖類，避免攝取精製的甜點、含有蔗糖或果糖的飲料、各式糖果或糕餅、水果罐頭等加糖製品。

實行規律的運動

運動可促進血液循環及新陳代謝，一週至少 3 次，每次至少 30 分鐘，生活作息正常，保持情緒穩定，有快樂、積極的人生觀，就能健康愉快到老。

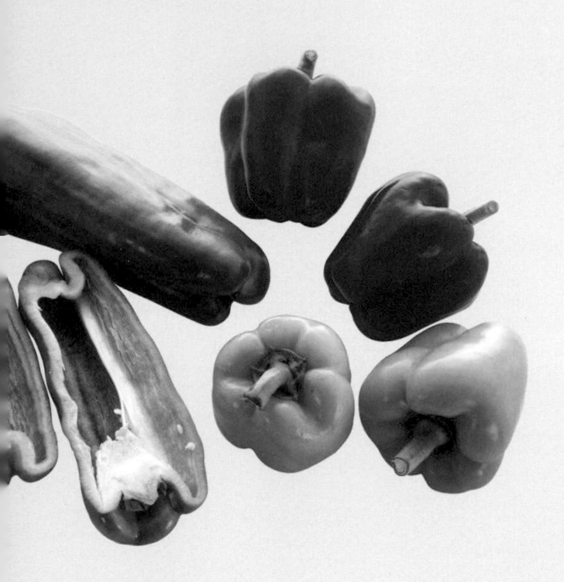

Contents

豆類

蕈、藻及其他

水果類

根莖類

地瓜

地瓜可幫助消除疲勞，增強體力，消除憂鬱，增進抗癌能力。

又稱番薯，富含維生素C、B1、E和礦物質鉀、泛酸，有益改善汗斑、雀斑、感冒、便祕，促進副腎上腺皮質荷爾蒙的形成，產生免疫抗體，又含有補血的鐵質，且膳食纖維量特別多，鬆軟易消化，吃了有飽足感，也有助於促進腸胃蠕動，進而排便、減肥及排泄出體內的毒素，但因地瓜所含的澱粉質也高，一次不可吃太多，以免脹氣，烤地瓜連皮一起吃，攝取到的營養更完整。

地瓜圓湯

材料

紅心地瓜 200 公克
糯米粉 3 大匙、太白粉 3 大匙

調味

（1）水適量、糖 2 大匙
（2）紅豆湯 3 杯、果糖適量
鹽少許

做法

1. 地瓜洗淨、蒸熟。撕去外層薄薄的皮，趁熱壓成泥。如保留外皮，則要用調理機打成泥。
2. 熱地瓜泥中加入糯米粉、太白粉、糖及適量的水搓揉成糰。
3. 地瓜糰要多加以揉至有彈性後，搓成細長條，用刀切成小塊狀，入滾水鍋中煮熟、撈起。
4. 將調味料（2）煮滾，加入煮好的地瓜圓即可。

＊自己做地瓜圓雖沒有外面賣的那麼Q，但是新鮮、保有纖維，又健康。

番薯甜咖哩

材料
紅心地瓜 1 條、香蕉 2 條
洋蔥末 2 茶匙、水 2 杯、優格 1/2 杯

調味
咖哩粉 2 大匙、果糖 1 大匙、鹽 1/4 茶匙

做法
1. 香蕉切成厚片狀（3 公分），用適量油略煎一下。
2. 地瓜切滾刀塊，置電鍋內蒸熟待用。
3. 用 2 大匙油炒香洋蔥末後，加入咖哩粉稍炒香；注入水、加入地瓜及調味料，煮5分鐘後，再加入香蕉煮1分鐘。
4. 將優格加入咖哩香蕉鍋內，拌勻即可。

糖醋土豆地瓜

材料
馬鈴薯（土豆）絲 1 杯、黃心地瓜絲 1 杯
紅蘿蔔絲 2 大匙、香菜、白芝麻 1/2 大匙

調味
淡色醬油 1 茶匙、鹽 1/4 茶匙
檸檬汁 1 大匙、蜂蜜 2 茶匙、麻油 1/2 大匙

做法
1. 將馬鈴薯絲、地瓜絲和胡蘿蔔絲用 95℃ 的熱水浸泡 3 分鐘，撈起沖涼、瀝乾。
2. 調味料入鍋煮滾。
3. 將涼透的地瓜絲和胡蘿蔔絲及香菜，全部放入 2 項的糖醋汁內拌勻，放置 10 分鐘使它入味，裝碟後再撒上炒過的白芝麻。

胡蘿蔔

根莖類

胡蘿蔔是營養豐富，人人適宜，生熟皆可食用的好蔬菜。

胡蘿蔔即為紅蘿蔔，又名紅菜頭、小人參，味甘、 微涼，有潤腸通便、清熱解毒功效，富含維生素 A、B、C 和礦物質鉀，有助改善便祕、消除眼睛疲勞、增強視力，但有使皮膚色素沉澱的作用，患有黃疸症的人不宜多飲胡蘿蔔汁。因含有豐富的胡蘿蔔素，人體消化吸收後能轉變成維生素 A，是很重要的抗氧化物，對眼睛的保健、維護黏膜細胞的完整及增強免疫機能等都有幫助。常吃含有胡蘿蔔素的蔬菜也有預防癌症的效用。注意的是因為胡蘿蔔素是脂溶性維生素，烹調食用時應加些食用油，以促進對胡蘿蔔素的吸收。

胡蘿蔔麵疙瘩

材料 胡蘿蔔 1 條、全麥麵粉 1 杯
香菇 2 朵、木耳適量
熟筍片 1/2 杯、青豆仁 1-2 大匙

調味 醬油 1 大匙、鹽適量
香菇粉 1/2 茶匙
麻油少許、胡椒粉少許

做法
1. 胡蘿蔔切成小塊，加少許的水，入果汁機中打碎，去渣取汁備用（約 5 大匙的量）或以榨汁機直接榨出汁來用。
2. 全麥麵粉加胡蘿蔔汁，揉成麵糰。
3. 用適量的油炒香菇、木耳和筍片，由鍋邊加入醬油 1 大匙，再注入 5 杯水煮滾。把麵糰用手拉成薄片，一片片放入湯汁中煮熟，最後再放其餘的調味料和青豆仁，煮滾即可。

綜合蔬菜棒

材料 胡蘿蔔 1/2 支、白蘿蔔 1/4 支
小黃瓜 1 支、西芹 1 支

醬汁 紅麴醬 1 大匙
零脂沙拉醬 2 大匙

做法
1. 胡蘿蔔、白蘿蔔削皮，切成細長條。西芹削去外層老筋，切成長條；小黃瓜一切為 4 長條，可以將瓜籽切除。
2. 4 種蔬菜泡在冰水中約 10 分鐘，使它脆爽，取出、瀝乾。
3. 醬料依個人口味調配份量，調勻後裝小碗，和蔬菜棒上桌。

胡蘿蔔果汁

材料 胡蘿蔔 200 公克、蘋果 200 公克、鳳梨 150 公克、檸檬 1/2 個

做法
1. 胡蘿蔔和蘋果連皮洗淨、切成條；鳳梨切條；檸檬擠汁。
2. 用榨汁機將胡蘿蔔、蘋果和鳳梨榨出汁，調入檸檬汁即可。

蓮藕

蓮藕有消熱除煩、補血安神的功效。

就是荷花的粗肥根莖，甜脆具獨特風味，有收縮血管的作用。蓮藕屬性不偏寒也不偏熱，此外，還有紓緩腸胃不適、潤肺寧神、促進消化、消除緊張等好處。選購時以質優清脆、節節勻稱、不變黑色的蓮藕為佳。

中醫認為蓮子有補脾止瀉、養心安神、益精固腎的功能，屬於平補食材，還可安眠、消除疲勞，蓮子中間的青綠胚芽稱為蓮子心，性寒，具有清心瀉火的功效，可強心、降血壓。

菱角蓮藕湯

材料 蓮藕 300 公克、菱角 150 公克、胡蘿蔔 1/2 支
腰果 2 大匙、香菜少許、水 6 杯

調味 鹽適量
麻油少許

做法
1. 蓮藕切厚片；胡蘿蔔切滾刀塊；菱角洗淨，連殼使用。
2. 水和蓮藕先煮 30 分鐘。再把菱角、胡蘿蔔和腰果放入蓮藕湯內，續煮 20 分鐘。湯內加鹽、麻油、香菜調味後即可起鍋。

鮮炒蓮藕

材料 嫩蓮藕 300 公克、鮮香菇 3 朵
木耳 1/2 杯、胡蘿蔔片 2 大匙
薑絲 1 大匙

調味 （1）水 2 杯、白醋 1 大匙
（2）淡色醬油 1 茶匙
鹽適量、味醂少許

做法
1. 蓮藕切成較薄的片狀，用調味料（1）浸泡 5 分鐘，瀝乾水分。
2. 適量的油炒薑絲、蓮藕、泡軟的木耳和胡蘿蔔片，約 2-3 分鐘後加入調味料（2），炒勻即可。

梅汁藕片

材料 嫩蓮藕 1 節、紫蘇梅 5 粒、蜂蜜 1 茶匙

做法
1. 用剪刀將紫蘇梅肉剪下，略加搗碎，連梅核一起放碗中。
2. 嫩藕切成薄片，在 90-95℃的水中燙 10-15 秒鐘。
3. 藕片和紫蘇梅拌勻，再加入蜂蜜拌勻，放置 1 小時後便可食用。

＊蓮藕也可以不燙，燙過的口感較好。可以多做一些、浸泡久一點更入味。

根莖類

白蘿蔔

白蘿蔔有抗癌、防癌的功效，多吃還可以預防感冒。

蘿蔔在古代書籍中稱為萊菔，春秋以後才有蘿蔔這個名詞出現，而在日本稱蘿蔔為大根，吃日本料理常會看見蘿蔔泥。白蘿蔔中所含的糖化酵素、木質素有抗癌、防癌的功效，日常多吃也可以預防感冒、消除緊張、消除疲勞、清潔腸中穢氣，還能潤肺止渴。

有人説「蘿蔔賽梨」，蘿蔔的營養度、清脆度都可和梨相比，而且蘿蔔的維生素是蘋果的 8-10 倍，還富含鈣、磷、鐵、鈉、鉀、鎂、鋅、維生素 C、B1、B2、B6。

白蘿蔔整株都可食用，根部為主要食用部位，可促進胃腸消化、降低血壓、預防動脈硬化、解毒、消除脂肪堆積等，可生食、煮食、製脯乾、製餅餡或醃漬醬菜，尤其菜頭粿更是具代表性的古早味食品。

早年經濟普遍窮困，鄉下人家幾乎都以自製蘿蔔乾（菜脯）佐餐，時至今日，經濟繁榮，菜脯蛋、菜脯反成為一種美食享受。蘿蔔乾一般是褐色的，而陳年的黑色蘿蔔乾，更需時超過一年，較為珍貴，特別具有排毒的良效。

紅燒蘿蔔

材料

蘿蔔 1 條、香菇 5 朵
胡蘿蔔 1/2 支
薑片 3 片、八角 1 顆

調味

淡色醬油 3 大匙
味醂 1 大匙、水 2 杯

做法

1. 白蘿蔔和胡蘿蔔分別切成滾刀塊。
2. 香菇泡軟、切片。
3. 用 2 大匙油爆香薑片、香菇和八角後，加入兩種蘿蔔塊，同炒均勻；加入調味料，燒至蘿蔔軟化即可。

銀蘿粉絲

材料 白蘿蔔 600 公克、蔥花一大匙、冬粉 1 把
南瓜 1 小塊、香菜 1-2 支

調味 淡色醬油 1/2 大匙、鹽 1/3 茶匙
味醂 1 茶匙、胡椒粉少許、麻油數滴、水 2 杯

做法
1. 白蘿蔔削皮、切絲；粉絲泡軟、剪短一點。
2. 南瓜切細絲，用熱水泡 2-3 分鐘；香菜切小段；蔥切蔥花。
3. 鍋中用 2 大匙油先爆香蔥花，放下蘿蔔絲再炒至白蘿蔔回軟，加入水 1 杯，小火燜煮 7-8 分鐘。
4. 蘿蔔絲中加入粉絲，滴入醬油，挑拌均勻，再加鹽、味醂和胡椒粉調味，煮至粉絲夠軟，關火，加入南瓜、滴下麻油，拌入香菜段，即可裝盤。

辣炒蘿蔔乾

材料 蘿蔔乾 250 公克、紅辣椒 1-2 支
大蒜 1-2 粒

調味 淡色醬油 1/2 茶匙、味醂 2 大匙
胡椒粉 1/4 茶匙

做法
1. 蘿蔔乾切小條或剁碎、用水多沖洗幾次，漂去鹹味，擠乾水分。
2. 紅辣椒切小粒；大蒜拍碎。
3. 鍋中熱 2 大匙油，爆香大蒜，放下蘿蔔乾煸炒一下，至有香氣，加入調味料和辣椒粒炒勻。

筍

竹筍低脂、低糖、多粗纖維，且含有 16 種氨基酸。

未出土的竹筍，筍殼呈米黃色，肉質幼嫩新鮮，採收後若不馬上食用，可在切面上塗抹少量食鹽，再放入冰箱中冷藏，暫保新鮮，煮後才不會出現澀味；竹筍出土後，轉為綠色，纖維增多，採收後適合加工製成筍乾或桶筍。

竹筍味道鮮美，富營養成分，且因品種不同，養分也各不相同。可貴的是竹筍含有 16 種氨基酸，特別是人體必須的賴氨酸、色氨酸、絲氨酸、蘇氨酸、丙氨酸，以及在蛋白質代謝中有重要作用的谷氨酸和胱氨酸，竹筍都擁有一定含量。

竹筍的特色是低脂、低糖、多粗纖維，可防止便祕，不過竹筍有難溶性的草酸鈣，胃潰瘍的人不可多吃。綠竹筍口感清脆，熱量低、水分多，讓人有飽足感，是減肥最好的食材，還可清熱解毒，但因屬性寒涼，女性在月經前後不宜食用。

乾煸鮮筍

材料
新鮮綠竹筍 2 支、薑末 1 茶匙
香菇末 1 茶匙、蔥花 1 大匙

調味
甜麵醬 1/2 大匙、淡色醬油 1 大匙
黃糖 1/3 大匙、麻油少許

做法
1. 鮮筍切直條，用 4 大匙油慢慢煸熟，至微焦黃狀時，先盛出待用。
2. 另用 1 大匙油爆炒薑末、香菇末和調味料後；將筍子回鍋炒勻，撒下蔥花、麻油，再拌炒均勻即可。

鮮菇筍片湯

材料 綠竹筍 1 支、杏鮑菇 150 公克、香菇 1 朵
番茄 1/2 個、豆苗少許、水 5 杯

調味 鹽

做法
1. 綠竹筍去殼，剖成兩半，放入 5 杯水中煮 20 分鐘，取出筍子、切成薄片。
2. 杏鮑菇放入煮筍子的湯中煮 2 分鐘，撈出、切片；香菇泡軟。
3. 取 1 個小湯碗，把香菇放在碗中間，再把整齊的筍片和杏鮑菇交錯排在碗底，中間填上不規則的筍片等，撒上鹽和煮筍子的湯約 1/2 杯，上鍋蒸 15 分鐘。
4. 蒸好的湯汁泌出，鮮菇和筍片倒扣到大碗中。
5. 湯汁和煮筍子的湯加番茄塊一起加熱，煮滾後加適量鹽調味，關火、放下豆苗，倒入大湯碗中。

*家常烹調時可以將筍片和杏鮑菇片一起煮湯，不必排碗。

綠竹筍沙拉

材料 綠竹筍 2-3 支

調味 零脂沙拉醬、芥末醬、醬油

做法
1. 竹筍外殼刷洗乾淨，放入冷水鍋中煮 40-50 分鐘（水要蓋過竹筍）。關火燜至水冷。
2. 將綠竹筍剝殼、取肉，把老的皮削淨、切成適口的大小，裝盤。
3. 或者把筍子直著切成兩半，用水果刀沿著筍殼劃開，取出筍肉，切成適口大小，裝回筍殼中。
4. 附自己喜愛的沾醬或者不沾醬也很清甜。

山藥

山藥富含黏滑液，生鮮山藥對保健腸胃極有幫助。

山藥含有皂苷，是女性激素的前驅物質，可增進身心平衡，40-50 歲的女性如感覺患有更年期的不適症狀，可多吃山藥來改善。台灣山藥的藥理作用勝過日本山藥，但患有子宮肌瘤的女性不宜吃山藥，以免反而助長癌細胞的增生。

山藥營養豐富，可作三餐主食，生熟食皆宜。生食含黏滑液，熟食則質地鬆軟，入口即化，風味獨具。現代藥理研究分析，山藥含豐富的澱粉質、氨基酸、黏蛋白、甘露聚糖、多巴胺、膽鹼等物質，是滋補強壯、延年益壽的主要成分，因所含的皂苷具有補腎澀精的作用，多巴胺能擴張血管，促進血液循環的功能，提供活力的泉源，增強人體免疫力、抗衰老。

中醫認為山藥具有健脾胃、消渴、止瀉、滋陰、養腎的功效，能治病後及產後身體虛弱、食欲不振、健忘、慢性腹瀉、肺虛久咳、糖尿病、白帶遺尿、頻尿等症，但因具有收斂作用，平時有便祕或大便容易燥結者，不可多食。

中藥材中的淮山即是山藥的加工產品，性平，味甘，除寒熱邪氣，補中益氣，長肌肉，強陰，久服耳目聰明，輕身延年，益腎氣，健脾胃，止泄瀉，化痰涎，潤皮毛。

山藥地瓜湯

材料 山藥 150 公克、紅心地瓜 150 公克
紅棗 10 顆、薑 2 片

調味 蜂蜜適量

做法
1. 山藥和地瓜分別切成滾刀塊。
2. 地瓜加水、紅棗和薑片，用中火煮透。
3. 加入山藥再煮 1 分鐘。
4. 食用時調入適量的蜂蜜即可。

紫芋黃瓜

材料　紫山藥 300 公克、大黃瓜 1 條、松子 1 大匙

調味　（1）鹽 1/2 茶匙、太白粉 1 大匙
（2）素高湯 1 杯、鹽適量、太白粉水 1 大匙

做法
1. 紫山藥蒸熟後，趁熱壓成泥狀；加入調味料（1）揉搓均勻，即為山藥餡料。
2. 大黃瓜削皮，切成約 5 公分段，挖除瓜籽，撒點太白粉後，釀入山藥餡。這個做好後，上鍋以大火蒸 10 分鐘。
3. 調味料（2）煮滾，用太白粉勾芡、熄火，灑上烤過的松子，淋在蒸好的山藥黃瓜上即可。

涼拌山藥兩式

《芥汁山藥》

材料　山藥 400 公克、枸杞子、海苔絲各少許

調味　黃芥末、味噌、麻油、味醂各適量

做法
1. 山藥削皮、切成細絲或以刨絲刀刨成細絲，擺在盤子上。調味料調勻備用。
2. 山藥絲上放枸杞子和海苔絲，淋上芥末醬汁。

《梅子山藥》

做法
1. 山藥切片或寬條，用 90℃的熱水燙一分鐘，取出泡冰水，淋上梅汁拌勻
2. 裝碟再將梅肉泥切碎撒下。（可加放芝麻或松子等堅果類以增加氣氛。）

根莖類

馬鈴薯

表皮含豐富抗癌物質，馬鈴薯還有健脾胃的功效。

含有豐富的礦物質鉀，能藉由吸收體內過多的鈉，而排除體內的雜質，另外還有調和胃腸與健脾的功效，維生素 C 含量也很高。

吃馬鈴薯最好連皮吃，因為表皮含有抗癌物質，一顆馬鈴薯比一根香蕉的鉀離子含量還要多出兩倍。鉀可以降血壓，高血壓患者最適合常吃馬鈴薯做保健，此外，馬鈴薯含有複合碳水化合物，有助維持血糖的穩定。吃了還會讓人有飽足感，比燕麥粥的效果更大，有助維持體重不增加。但注意馬鈴薯在高溫的環境中容易發芽，會產生有毒的龍葵素，引發腹瀉、嘔吐、頭暈，所以發芽的馬鈴薯即應丟棄，不可食用。

生榨馬鈴薯汁

材料　馬鈴薯 1 小個、胡蘿蔔 1 小支、蘋果 1 小個

做法　材料洗淨，切厚片，用榨汁機榨出汁。

炒三白

材料　馬鈴薯 1 小個、綠豆芽 1 杯、洋蔥絲 1/2 杯
泡馬鈴薯料：醋 1 大匙、水 3 杯

調味　鹽適量、醋 1 大匙、糖 1/2 茶匙、麻油少許

做法
1. 馬鈴薯切絲，用醋水浸泡 5 分鐘，瀝乾。
2. 洋蔥切絲；綠豆芽摘去根部，洗淨。
3. 用適量的熱油炒香洋蔥，加入馬鈴薯和綠豆芽，迅速加入調味料，拌炒均勻即可起鍋。

烤馬鈴薯

材料　小馬鈴薯 6 個、青花椰菜末 1-2 大匙

做法
1. 馬鈴薯洗淨、擦乾，放入蒸鍋中蒸 15 分鐘，至 6-7 分軟。
2. 烤箱預熱好，放入馬鈴薯烤至軟，取出。
3. 烤好的馬鈴薯切成兩半，放上優格、撒上青花椰菜的碎末。

*馬鈴薯的品種決定它烤後是否會鬆軟，要老一點的水分較少，才容易烤軟。
*可以直接包鋁箔紙去烤，先蒸一下比較省時間，先微波一下再烤亦可。

地瓜三鮮湯

材料　馬鈴薯 1 小個、小黃瓜 1 支、乾木耳 1 大匙

調味　醬油 1 大匙、鹽適量、麻油數滴
白胡椒粉少許

做法
1. 馬鈴薯削皮、切片；黃瓜切片。
2. 木耳泡發漲開，摘好，撕成小朵。
3. 鍋中加入水 5 杯，放下木耳和馬鈴薯煮至滾，視個人喜愛馬鈴薯的軟度，可以再煮一會兒。
4. 加入黃瓜片，煮一滾即調味，見黃瓜片已略變色即可關火。

根莖類

牛蒡

牛蒡通便、明目，強健體力還含有抗腫瘤物質。

台語諧音稱為吳某，牛蒡的營養成分有四分之一是油脂，肉質根部細嫩香脆，常吃牛蒡有助於滑腸、通便、預防便祕。牛蒡含有豐富的維他命 A，可以明目，還含有抗腫瘤物質，可強化抗菌、抗病的能力，強健體力，並可預防皮膚病。注意削皮後容易氧化變黑，可浸泡在略加鹽巴的冷水中來改善。

芝麻牛蒡

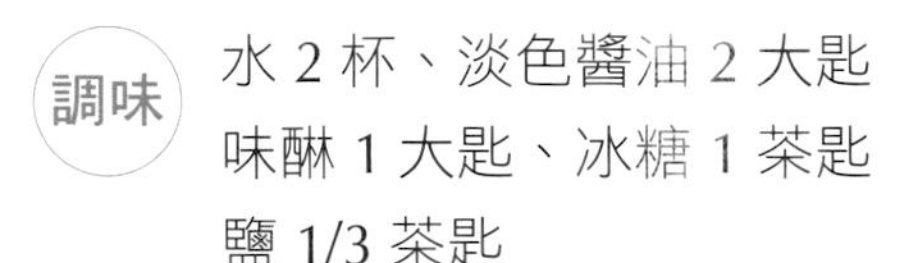

材料 牛蒡 1 支、芝麻 1 大匙
麻油 1 茶匙

調味 水 2 杯、淡色醬油 2 大匙
味醂 1 大匙、冰糖 1 茶匙
鹽 1/3 茶匙

做法
1. 牛蒡切細絲，迅速放入滷汁中，滷煮 8-10 分鐘，盛出、待涼。
2. 芝麻放在乾鍋中，小火慢慢炒熟，盛出，待稍涼時，將芝麻稍加搗碎。滷牛蒡絲上撒下炒芝麻，再滴下麻油，仔細拌勻即可。

牛蒡菇湯

材料 牛蒡 1/2 支、巴西蘑菇 100 公克、香菇 2-3 朵
胡蘿蔔塊 1/2 杯、紅棗 8 個、水 6 杯

調味 鹽

做法 巴西蘑菇切厚片，放入烤箱中略烤一下，再放入湯鍋中，加入 6 杯水。牛蒡片、香菇、胡蘿蔔塊、紅棗全部放入湯中，以中小火煮 20 分鐘。加入鹽調味後，熄火即成。

牛蒡五目煮

材料 牛蒡 1/2 支、蒟蒻 1 塊、蓮藕 1 節
胡蘿蔔 1/2 支、香菇 5 朵

調味 醬油 2 大匙、酒 1 大匙
味醂 2 大匙、糖 1 大匙

做法
1. 牛蒡刮去外皮，切成小滾刀塊並用清水沖一下。
2. 蒟蒻塊切成片、中間劃切一刀，翻轉蒟蒻成花型；胡蘿蔔切滾刀塊；香菇泡軟，切片；蓮藕削皮、切塊。
3. 乾海帶取 20 公分一段，用濕布擦乾淨，泡入 4 杯水中，1 小時後開火，煮到水將滾時，關火，瀝出清湯。
4. 取用 2 又 1/2 杯清湯，加入各種材料及調味料，煮滾後改中火，燒煮約 20 分鐘，待湯汁收乾即可關火。

茄子含有礦物質鈣、磷、鐵、鈉、鉀、鎂、鋅、維生素A、C、B1、B2、B6。茄子中萃取出來的抗癌物質叫龍葵鹼，可抑制消化道腫瘤的增生，對胃癌、子宮頸癌等有良好療效，對治癌療程患者也有解熱、鎮痛的作用。同時有消腫、散瘀作用，醫學研究顯示，老年或肥胖者易有血管硬化、微細血管栓塞、破裂，形成瘀血情形，多吃茄子可攝取大量的維生素P，能增強血管彈性，防止血管破裂，減少皮下出血。

雖然茄子能消腫散瘀，但患有結核病在治療期間的患者不宜食用茄子，以免產生過敏反應，體質虛冷、腸胃功能不佳、有異位性皮膚炎的人也少吃為妙。

蒜泥茄棉

茄子2條、香菜少許
子薑絲2大匙

蒜泥1/2茶匙、醬油1大匙
鹽1/4茶匙、糖1/2茶匙
醋1茶匙、麻油1大匙

1. 茄子放入平底鍋中，加開水1杯，用大火煮，中途翻一次面，茄子軟化、熟透即可取出。子薑絲用冰水浸泡5分鐘，瀝乾水分。
2. 將軟透的茄子，用竹筷劃成絲狀（即為茄棉），裝碟並飾以子薑絲、香菜。調味汁拌勻，澆淋在茄棉上便可。

味噌茄子

日本圓茄2個

味噌1大匙、味醂1大匙
糖1茶匙、水3大匙

1. 茄子對切成兩半，在茄肉面上切交叉。茄肉面向下，用少許油略煎，使茄子上色。
2. 調味料先調勻，再塗在茄子上，放入烤箱以200℃烤熟，中途取出，再刷一次調味醬料，見茄子已軟化即可。

拌紫蘇茄

茄子2支、番茄1個
香菜少許

鹽1茶匙、味醂1大匙、醋1大匙
淡色醬油1茶匙、麻油少許

1. 茄子切成雙飛片，即一刀不切斷、第二刀再切斷，撒下鹽，醃至茄子變軟，醃約半小時。
2. 將茄子浸泡冷水中，換2次水，使茄子顏色變淺，瀝乾水分。
3. 番茄切塊，拌入調味料，拌勻後再加入茄子和香菜，拌勻即可。

多吃洋蔥可以調節血壓、舒張血管，維護心血管的健康。

根莖類

洋蔥

洋蔥的品種很多，紫洋蔥顏色鮮艷漂亮，搭配性強，但吃起來較辛辣，比較之下，黃洋蔥不僅皮薄、顆粒小，甜度更佳。洋蔥含有大蒜素等硫化物、微量元素硒等抗氧化物質，這些活性物質有殺菌、抗癌、降血脂、幫助血糖控制的功效；但肺痰、胃炎、目眩、虛冷體質的人不宜食用過多洋蔥。紫洋蔥在台灣以恆春半島產得最多，紫洋蔥具有天然合成的維生素、葡萄糖，可增強代謝功能、活化組織，並可提升免疫力、預防病毒。最簡單的吃法是洗淨泡冰水後，保持鮮脆，搭配檸檬汁一起生食。

薄荷洋蔥

材料　洋蔥 1 個、薑末 1 茶匙、蒜泥 1/2 茶匙、香菜、薄荷各適量

調味　紅醋 1 大匙、淡色醬油 1 大匙、鹽 1/4 茶匙、糖 1/2 茶匙、麻油少許

做法
1. 洋蔥切絲，入 95℃熱水鍋中汆燙 5 秒鐘，迅速撈出、沖涼待用。
2. 將全部材料置入大碗中；加入調味料，仔細拌勻即成。

番茄洋蔥湯

材料　洋蔥 1 個、番茄 2 個、玉米 1 支
香菜末少許、水 5 杯

調味　鹽適量

做法
1. 洋蔥切塊；番茄切塊；玉米也切成塊。
2. 適量的油炒洋蔥，待洋蔥稍變軟時，加入番茄續炒 1 分鐘；注入水 5 杯和玉米，一起煮 3 分鐘。
3. 食前加入鹽調味，最後撒下香菜末便成。

拌油醋洋蔥

材料　洋蔥 1 個、紫洋蔥 1/2 個
大蒜 2 粒

調味　橄欖油 1/2 杯
糯米醋 1/2 杯

做法　洋蔥剝除一、二層外層，切成塊，泡在水中除去些辣氣，瀝乾；大蒜切片。把洋蔥和大蒜放入玻璃瓶中，加入橄欖油和醋，搖晃均勻，放置 1 天以後便可以食用。

＊油醋洋蔥可在冰箱中存放很久，油醋也可再使用。不怕洋蔥辛辣的話可以直接泡，油醋中也可以加一些香草料，更增香氣。

百合

鮮百合潤肺寧神，退火消腫、增強免疫力。

鮮百合能潤肺寧神，退火消腫，還能祛痰、清心安神、止血，對於肺氣腫、肺結核、咳吐痰血、腳氣浮腫、胃痛、增強免疫力、清涼退火都有助益。

鮮百合容易熟透，烹調時先將其他食材煮至將熟，續加入百合即可。中醫謂百合上品者肥厚味甘，且絕無苦味，功能為消暑和胃，止血清熱，用途極多。

乾百合是百合的乾燥鱗莖，味甘帶苦，性微寒而潤，藥理作用為利尿、清熱、鎮靜、潤燥止咳、清心寧神、乾百合需泡水 4-6 小時，泡漲後再用。

梅子百合

材料 百合 1 球、脆梅子 4 粒、蜂蜜 1-2 大匙

做法
1. 百合一瓣一瓣分開，剪除邊緣褐色部分。
2. 鍋中煮滾 3 杯水，關火、待水溫降至 90℃左右，放下百合燙一下、見略透明變色即刻撈出，泡入冷水中泡涼，撈出。
3. 把梅子切成小粒，拌入蜂蜜中，放置 20-30 分鐘，放入百合再拌一下，放約 5-10 分鐘即可食用。

彩色百合

材料 鮮百合 1 杯、甜豆適量
水發木耳 1/2 杯、紅甜椒 1/3 個
黃甜椒 1/3 個

調味 醬油 1 茶匙、醋 1 茶匙
鹽 1/3 茶匙、味醂 1 茶匙
麻油 1/2 大匙

做法
1. 百合一瓣瓣剝開、剪除褐色的邊緣；紅、黃甜椒切小塊。
2. 木耳摘好、撕成小片；甜豆片摘去老筋。
3. 鍋中燒開 4 杯水，先放木耳燙一下，關火後再放入甜豆片和甜椒，最後放入百合，燙約 10 秒鐘即可撈出沖涼；瀝乾水分備用。
4. 調味料調勻，加入燙好的蔬菜拌勻。

百合蓮棗湯

材料 百合 1 杯、新鮮蓮子 200 公克
紅棗 15 粒、水 5 杯

調味 蜂蜜適量（或冰糖少許）

做法
1. 紅棗加水，入電鍋蒸半小時。再將洗淨的蓮子加入，蒸 20 分鐘。
2. 加入洗淨、剪除褐色邊緣的百合，再蒸 5 分鐘即可。食時加蜂蜜調勻。

＊如果用乾百合要先泡水 2-3 小時，再用滾水汆燙 1 分鐘，和蓮子同時入鍋蒸燉。

芋頭

芋頭能助消化、補脾胃、強筋骨，健美肌膚。

芋頭俗稱芋仔，原產於亞洲，喜歡高溫多溼的氣候，是熱帶亞太地區的重要主食作物，富含鉀、維生素 C、B1、B2、蛋白質、澱粉和酵素，性平和，對於防治胃潰瘍、支氣管炎、腎病、老化都有助益，但體質過敏者、孕婦不宜多吃。

粉蒸芋頭

材料

芋頭 300 公克、蕪菁 300 公克
香菇 3 朵、胡蘿蔔 1/2 支
蒸肉粉 3 大匙、高麗菜葉 2 片

調味

薑末 1 茶匙、五香粉 1/4 茶匙
醬油 1 大匙、鹽 1/3 茶匙
糖 1/2 茶匙、橄欖油 1 大匙
麻油 1 大匙、水 1 大匙

做法

1. 芋頭、蕪菁、胡蘿蔔全切成塊狀；香菇泡軟、切絲。
2. 調味料加香菇絲拌勻，再和全部蔬菜拌勻，最後加入蒸肉粉拌好。
3. 高麗菜葉用熱水泡軟一點，鋪在蒸籠底部，上籠蒸 40-50 分鐘即可。

＊如有荷葉，亦可將荷葉用水泡軟，包入粉蒸的材料，用棉線紮緊，上籠蒸 40-50 分鐘，更增添香氣。

椰香百合芋頭

材料 芋頭 1/2 個、洋菇 8-10 粒、絲瓜 1 條
百合 1 球、胡蘿蔔 1/2 小支

調味 清湯 1/2 杯、椰漿 1/2 罐、鹽 1/2 茶匙

做法
1. 芋頭削皮、切成塊，先蒸熟。
2. 洋菇切成兩半；絲瓜也切塊。
3. 百合分成一瓣一瓣，把發黃的部分修剪一下；胡蘿蔔切厚片。
4. 用約 1 大匙油把洋菇炒一下，加入胡蘿蔔和芋頭，並倒入清湯和椰漿，用小火煮 3-5 分鐘，至芋頭已夠鬆軟。
5. 加入絲瓜，改大火煮約 1 分鐘，加鹽調味，關火再加入百合，拌勻即可。

優格芋頭

材料 芋頭 300 公克

調味 優格 2 大匙、蜂蜜 1 大匙

做法
1. 芋頭切成厚片，入電鍋蒸熟（要蒸至非常軟透），取出、待涼。
2. 涼透的芋頭切成適口的塊狀、裝碟，淋上調味料（或用沾食的亦可）即成。

葉菜類

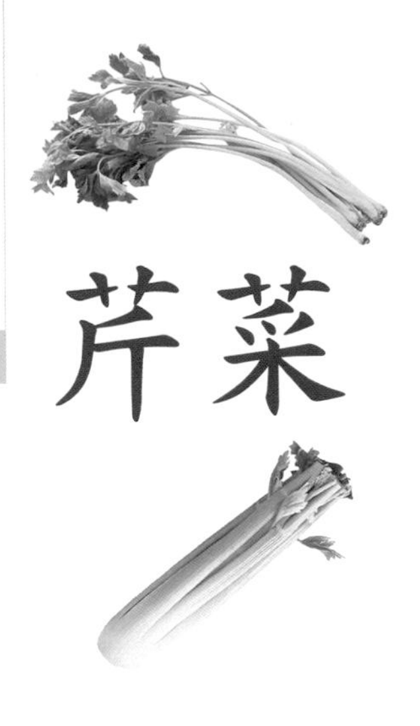

芹菜

芹菜含多樣礦物質及維生素，還有舒緩壓力、改善便祕的效果。

芹菜含鈣、磷、鐵、鈉、鉀、纖維、維生素 A、C、B1、B2，更是少數富含維生素 B2 和鐵質的蔬菜，為避免營養素流失，購買後宜儘快食用，打汁生飲可降低膽固醇、預防血管阻塞，因含鈉量較高，大量飲用時要注意。芹菜也富含維生素 C 和鈣質，能改善便祕、強化骨質，但屬感光性蔬菜，易長黑斑者少吃為宜。

西洋芹是西洋品種芹菜，莖色較白而粗寬肥厚，滋味清爽易入口，最適合切長條做沙拉吃，與中國細莖長枝的芹菜不同。西芹有補充體力、舒緩焦慮和壓力的作用。

中國芹菜一般稱作中芹，具有防癌、抗老化的作用，並能幫助降血壓，擁有豐富的膳食纖維可助預防和改善便祕，大口嚼芹菜時，可幫牙齒進行大掃除，減少蛀牙的機會，消除殘渣又抗菌。

一般在選購時，新鮮度為主要考量因素，此外最好選擇莖的凹溝較小的較佳，儲存時應以保鮮塑膠袋包好，放進冰箱冷藏。

甜瓜芹菜汁

材料 西洋芹 100 克、哈蜜瓜 200 克
番茄 50 克、蜂蜜適量

做法
1. 將西洋芹、番茄、香瓜都洗淨。
2. 香瓜連皮切片，三種都放入榨汁機內榨汁；完成後加入蜂蜜調味即可。

芥末洋芹

材料 西洋芹菜 2 支

調味 黃色芥末粉 1/2 大匙、溫水 1 大匙
醬油 1 茶匙、鹽 1/4 茶匙、蜂蜜 2-3 滴

做法
1. 芹菜洗淨、折成約 3 公分的段，折的同時，撕去外層老筋，撕好後再切成長條。
2. 芥末粉加溫水調勻，放置 2-3 分鐘，待有衝辣氣時，加入其他調味料調勻。
3. 西芹放入 95℃的水中燙 15-20 秒鐘，撈出立刻泡入冰水中，冰涼後擦乾水分，放入芥末醬汁中拌勻，裝盤。

*燙一下可以除去一些青澀氣味，泡冰水可以使它脆爽。

拌芹菜三絲

材料 芹菜 100 公克、豆腐乾 5 片
胡蘿蔔絲 1/2 杯

調味 鹽 1/3 茶匙、麻油 1 茶匙、香菇精少許

做法
1. 芹菜洗淨，切成段；豆腐乾先橫向片開，再切成絲。
2. 鍋中水煮開後，放入豆腐乾絲，再煮滾後關火，放下芹菜段和胡蘿蔔絲浸泡，見芹菜略變色，撈出。
3. 三種絲料放入碗中，加入調味料，拌勻即可。

綠花椰菜

綠花椰菜含豐富的維生素，清涼利尿，幫助抗癌，是使用率最高的蔬菜之一。

綠花椰菜，屬十字花科蔬菜，能預防癌症，有清肝解毒的功效，並能促進腸胃蠕動，預防便祕。

綠花椰菜含豐富的維生素 A、B、C，清涼利尿，幫助抗癌，是使用率最高的蔬菜之一。一般做為沙拉生吃，或稍加水煮，可當配菜，好吃又好看，做為開胃小菜也很常見，簡單烹調即可，有預防乳癌、胃癌、直腸癌的效益，排名營養師推薦的 12 種長壽健康食物第三名。

清蒸綠花椰菜

材料
綠花椰菜 1 棵、紅、黃甜椒丁適量
鴻喜菇或其他新鮮菇類 1 小把

調味
鹽少許、素蠔油或醬油 1 大匙
黃糖少許、水 4 大匙

做法
1. 綠花椰菜摘好、洗淨、瀝乾水分，放在有深度的盤子裡，撒上少許鹽，上鍋蒸 5-6 分鐘，熟後取出。
2. 小鍋中放素蠔油，加糖和水，加入鮮菇煮滾，關火、撒下甜椒丁，淋在花椰菜上。

花菜沙拉

材料 綠花椰菜 1 棵
杏仁片 1 大匙

調味 零脂沙拉醬

做法
1. 綠花椰菜分摘成小朵、菜梗部分切厚片。
2. 鍋中煮滾 4 杯水，關火、等 1 分鐘，待水溫降至 90-95℃時，放下花椰菜浸泡 3 分鐘，撈出、裝盤。
3. 杏仁片放入烤箱中烤至黃，取出、待涼後撒在青花菜上。

＊堅果類的食材烤了之後都要等涼才會酥脆，烤時要低溫慢慢烤，以免烤焦。

青花菜番茄湯

材料 綠花椰菜 1 棵、番茄 1 個、鴻喜菇 1/2 盒
薑片 1-2 片

調味 麻油、鹽、胡椒粉各適量

做法
1. 花椰菜摘好、洗淨；番茄洗淨、切塊；鴻喜菇分開、沖洗一下。
2. 鍋中用約 1 大匙的油把番茄塊和薑片炒一下，加入 5 杯水，煮開 1 分鐘，加入鴻喜菇和綠花椰菜即關火。
3. 加入鹽、麻油和胡椒粉調味即可。

葉菜類

高麗菜

能養顏美容，防止便祕，加速癒合消化道潰瘍傷口。

高麗菜的學名是甘藍，含有豐富的維生素 C，能養顏美容，防止便祕，當中因為含有硫與氯，打成汁能使礦物元素混合在一起，即可發揮淨化胃腸黏膜的功能。所含的鉀離子和葉酸也很豐富，生吃高麗菜能迅速癒合消化道潰瘍的傷口，且對黃疸、結石有效。高麗菜亦具有抗癌的作用，但甲狀腺功能失調者不宜大量食用。

香菇炒高麗

材料 高麗菜 300 公克、香菇絲 1 大匙
胡蘿蔔絲 1 大匙

調味 鹽適量

做法
1. 高麗菜用手剝成適當的片狀。
2. 用橄欖油 2 大匙炒香菇絲和胡蘿蔔絲，至有香氣後，放下高麗菜和鹽，快炒拌勻（若太乾時可噴點水同炒，以防焦黃），至葉片稍軟即可。

清蒸高麗菜

材料 高麗菜 300 公克、新鮮香菇 2 片、樹子 2 大匙、胡蘿蔔片 2 茶匙

調味 淡色醬油 1 大匙、黃糖 1/2 茶匙、鹽適量、水 2 大匙
胡椒粉少許、麻油少許、紅蔥酥 1 大匙

做法
1. 高麗菜切大片狀，汆燙後撈起瀝乾，裝入有深度的盤內。
2. 適量的油炒香菇片、樹子和胡蘿蔔片，加入調味料煮滾。
3. 將香菇等料澆淋在高麗菜上，上鍋以大火蒸 5 分鐘便可取出。

健胃蔬果汁

材料 高麗菜 100 克、蘋果 100 克、鳳梨 50 克、柳橙 1 個、檸檬 1/2 個

做法
1. 將高麗菜洗淨、撕成小塊；蘋果、鳳梨切小塊。
2. 把 3 種材料放入榨汁機內榨成汁。
3. 柳橙和檸檬分別擠出汁，調入高麗菜汁中，調勻即可。可以適量加入蜂蜜調味。

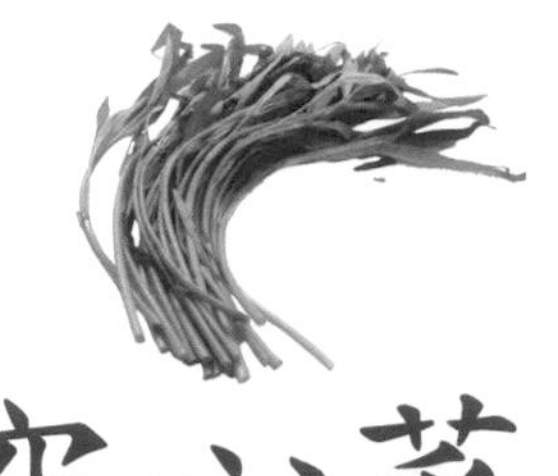

空心菜

空心菜含大量鐵質有益婦女補血，還有排毒降血壓的效果。

空心菜又名蕹菜，含有豐富維生素 A、C 及鎂、磷、鈣、鈉、鉀、鐵、蛋白質與膳食纖維、葉綠素、胡蘿蔔素，有益降血壓、消腫、止鼻血、治暑熱、利尿、治便祕，還可去口臭、消腫，其中的維生素 A 可抑制致癌物的活動，而膳食纖維更可促進腸胃蠕動，降低血中膽固醇，預防血管硬化，通便解毒。

由於空心菜中所含的鐵質高，涼血清熱的同時，也有益婦女補血，但本性冷虛，有游泳習慣、或有抽筋麻痺現象的人不宜多吃。

多吃空心菜梗能幫助排便、排毒、利小便和降血壓，有益夏天消暑。

沙茶拌空心菜

材料
空心菜 300 公克
大蒜片 1/2 大匙、辣椒片適量

調味
沙茶醬 1 大匙
鹽少許

做法
1. 空心菜切除根部，折成小段。
2. 鍋中水煮滾，加入少許鹽和油，關火、待水略降溫後，放下空心菜燙熟，撈出，瀝乾水分、裝盤。
3. 用油 2 大匙炒香大蒜末，放入辣椒片和沙茶醬炒勻，澆在空心菜上。

辣炒空心菜梗

材料
空心菜 1 把、豆腐乾 6 片
大蒜 2 粒、紅辣椒 1 支

醬油 2 茶匙、麻油數滴
鹽、香菇精各少許

1. 空心菜把梗子部分切成丁，葉子留做他用。
2. 豆腐乾切丁；大蒜拍碎；紅辣椒去籽、切丁。
3. 用 2 大匙油把大蒜和辣椒炒香，放下豆乾丁再炒香，淋下醬油，放下空心菜梗和水 2 大匙，加入鹽和香菇精，中火炒拌均勻即可。

空心菜薑絲湯

空心菜 1 把、豆包 2 片
薑絲 1 小撮

鹽、香菇精、胡椒粉、麻油
各少許

1. 空心菜摘好，切段；豆包切小片。
2. 鍋中煮滾 5 杯水，加入豆包、薑絲，煮滾後加入鹽和香菇精調味，放下空心菜，再一滾即可關火，滴下麻油並撒下胡椒粉。

葉菜類

明日葉

明日葉含大量維生素及礦物質，還有防癌、抗老化之效。

明日葉算是一種野菜，含天然有機鍺，具有強力的防癌效能，可將體內毒素、老廢物或化學異物排出體外，並能改善便祕，含有大量維生素 B 群及維生素 A、胡蘿蔔素、鈣、磷、鐵、鈉、鉀等，有淨化血液、防癌、抗老化、預防糖尿病的功能，但因性寒，體質較冷的人不宜經常食用或生食。

明日葉炒蛋

材料　明日葉 3 把、蛋 3 個

調味　鹽適量、胡椒粉少許、味醂 1/2 大匙

做法

1. 明日葉摘下葉子，用 90℃的水燙一下，撈出、切成條。
2. 蛋打散，加入明日葉及調味料，拌勻。
3. 鍋中熱 2 大匙油，倒入蛋汁、炒至蛋汁凝固已熟即可。

明日葉汁

材料　明日葉梗 1 把、黑糖適量

做法　明日葉洗淨，加水煮滾，改小火煮 20-30 分鐘，加適量黑糖即可。

枸杞葉 枸杞子

枸杞子有抗衰老、潤肺清肝、滋腎養氣、補精壯陽之效。

含有能抗氧化的微量元素硒，硒可與維生素 E 合成，以保護細胞膜，男攝取硒之後，有益睪丸與輸精管等生殖系統的保健。

枸杞子有抗衰老、潤肺清肝、滋腎養氣、補精壯陽之效，並有止渴、治神經痛的效用，可用來當做烹煮時的調味料，對於防治神經痛、高血壓和降血糖都有功效，注意選購新鮮、顆粒飽滿、無人工染色的枸杞子才有益。

枸杞葉涼拌

材料 枸杞葉 1 把、杏鮑菇 2-3 支
紅辣椒 1/2 支

調味 鹽、麻油、味醂、白胡椒各適量

做法
1. 小心摘下枸杞葉子，洗淨。
2. 杏鮑菇切片；紅辣椒去籽、切絲。
3. 將 4 杯水煮滾後先放下杏鮑菇燙熟，撈出。關火後放下枸杞葉燙一下、立刻撈出。
4. 三種材料一起拌上調味料即可。

枸杞豆腐湯

材料 枸杞葉 1 把、豆腐 1 方塊
薑絲、枸杞子 1 小把

調味 鹽、胡椒粉、麻油各適量

做法
1. 枸杞葉摘下葉片，將梗子先加水煮 20 分鐘後撈棄，做成清湯。
2. 枸杞湯中加入豆腐和薑絲，煮 3 分鐘後關火，撒下枸杞子。
3. 枸杞葉和調味料放在碗中，倒下豆腐湯即可。

萵苣

對胃腸潰瘍、癌症、腎臟病、動脈硬化、發育遲緩有幫助。

萵苣生菜可分成結球萵苣和捲葉萵苣，對胃腸潰瘍、癌症、腎臟病、動脈硬化、小兒發育遲緩都有幫助，還可補腦髓、益智。

結球萵苣常見的有西生菜，又稱美生菜，淺綠的葉片層層包裹。

捲葉萵苣較多種，常見的有廣東萵苣、大陸妹、蘿蔓生菜。

蘿蔓萵苣原文 Romain，又稱羅美生菜，在歐洲，一年四季都出產，台灣的市場用量越來越大，國內也已有種植，撕片或將整棵羅美端上桌，是最好的沙拉食材。

萵苣沙拉

材料 西生菜 1 棵、紅、黃甜椒丁 1 杯
苜蓿芽 1 杯、蘋果 1/2 個
奇異果 1 顆

調味 優格 1/2 盒、牛奶 2 大匙

做法

1. 西生菜洗淨，用剪刀或較銳利的水果刀沿著菜心剪開，把菜心取出，葉片即可以一片一片取下，再剪成圓形，放入冰水中泡一下。
2. 蘋果切丁；奇異果削皮、切丁，和紅、黃甜椒混合。
3. 苜蓿芽洗淨、瀝乾。優格和牛奶混合。
4. 生菜葉上放苜蓿芽、混合的蔬果各適量，淋上優格醬汁。

鮮菇炒蘿蔓萵苣

材料 蘿蔓生菜 1 棵或其他捲葉類萵苣
新鮮香菇 2-3 朵、大蒜 1 粒

調味 淡色醬油 1/2 大匙、鹽適量、胡椒粉適量

做法
1. 蘿蔓生菜洗淨、切寬段；香菇沖洗一下、切成寬條。
2. 用 2 大匙油爆香蒜末，放下香菇炒香，炒至香菇微軟。
3. 加入蘿蔓，灑下少許水，炒幾下後，加入調味料，炒到蘿蔓微軟即可盛出。

油醋沙拉

材料 蘿蔓生菜 1 棵、小番茄 5-6 粒、松子 1 大匙
麵包丁 1-2 大匙

調味 橄欖油 3-4 大匙、醋 1-2 大匙
鹽、胡椒粉各適量

做法
1. 蘿蔓生菜浸泡在冰水中 10 分鐘，瀝乾水分，對剖成兩半或切成段，放在餐盤中。
2. 小番茄對切；松子和切丁的吐司麵包放入烤箱烤黃，放在餐盤中。
3. 橄欖油、醋、鹽和胡椒粉用打蛋器打勻，也可以放入玻璃瓶中搖勻，淋在生菜上。

＊烤松子或麵包丁都要記得搖動烤盤，使松子和麵包能翻面，顏色才均勻。

葉菜類

菠菜

可預防感冒、高血壓、補血、有益氣血循環。

菠菜含有維生素 A、C、B1、鐵質、鈣、胡蘿蔔素，多吃可預防感冒、高血壓、血管疾病、盲眼症。菠菜補血、止渴潤燥、利五臟、疏通血脈、調節腸胃功能、抗氧化、抗癌，多吃可降低罹患大腸癌的機率，含的葉酸也有益孕婦血氣循環，並安定神經，使人情緒愉悅，但要避免與豆類、豆腐同食以免腹瀉、結石。

菠菜捲

材料 菠菜 300 公克、高麗菜葉 2 大片
枸杞子 2 大匙、水 1 茶匙

調味 味噌 2 茶匙、麻油少許
味醂 1 大匙

做法
1. 菠菜整支洗淨、燙熟、沖涼，擠乾水分，再把根部切掉備用。
2. 高麗菜葉燙熟，撈出沖涼，把硬梗部分片薄，修整。
3. 菠菜整支鋪放在高麗菜葉上，捲緊成筒狀，切小段裝盤。
4. 枸杞子用水沖洗一下，用溫水泡 1 分鐘，取出枸杞子、撒在盤中。
5. 用泡枸杞子的水來調勻調味料，淋在菠菜上。

涼拌菠菜

材料 菠菜 400 公克
芝麻 1 大匙

調味 淡色醬油 1/2 大匙、味醂 1 大匙
柚子醋 1/2 大匙、鹽少許、橄欖油 1 茶匙

做法
1. 菠菜整支洗淨。鍋中燒滾 4 杯水，加入鹽和油各 1 茶匙，關火，把菠菜的梗部先浸入水中，30 秒鐘後，整支放入，燙至菠菜微軟，取出，瀝乾水分。切去根部、再切成段，排入盤中。
2. 調味料調勻、淋在菠菜上，撒下炒過的白芝麻即可。

菠菜汁

材料 菠菜 80 公克、白花椰菜 60 公克、蘋果 1/2 個
蜂蜜 1 大匙、冰水 200 cc

做法
1. 菠菜洗淨、切段；花椰菜清洗、分成小朵；蘋果連皮切小塊。
2. 全部材料放入果汁機中打勻，倒入杯中。

＊菠菜打的汁還可以調入麵粉中，做成麵疙瘩或麵條，如果不想有纖維，可以過濾或用榨汁機直接榨成汁。

莧菜

莧菜含十種人體必需胺基酸，及大量維生素C，多吃有益美白抗菌。

莧菜含有蛋白質、脂肪、鈣、磷、鐵、胡蘿蔔素、維生素B1、B2、C，能消熱、涼血。

白莧菜又稱黃綠莧菜、綠莧菜，具有清熱解毒功效，可消除食欲不振現象。

紅莧菜就是野莧菜，更具補血功效，鐵質含量高，有益血液循環，緩治牙痛或跌打損傷，但腸胃虛弱、經常腹瀉者，不宜常食用莧菜。

味噌莧菜

材料 莧菜1把（約450公克）
薑末1茶匙

調味 味噌1大匙、味醂1大匙
糖1/2茶匙、開水1大匙

做法
1. 莧菜摘除老葉和硬梗，沖洗乾淨後，再切成小段。
2. 熱油2大匙爆香薑末，注入1杯水，放入莧菜段，煮至軟透且湯汁收乾，盛出、裝碟。將調勻的調味料，澆淋在莧菜上即可。

皮蛋莧菜

材料 莧菜1把、皮蛋1個、蔥1支

調味 鹽適量

做法
1. 莧菜切除菜根、摘除老葉和硬梗，沖洗乾淨，切成小段。
2. 皮蛋蒸5-6分鐘使其定型，剝殼、切成丁。
3. 用2大匙油爆香蔥花，放入莧菜炒一下，加入水1杯，煮至莧菜已軟，放下皮蛋丁拌炒，加鹽調味。

莧菜羹

材料 紅莧菜1/2把、莧菜1/2把
新鮮香菇2朵、豆腐1/2盒

調味 鹽1/2茶匙、香菇精少許
麻油數滴、胡椒粉少許

做法
1. 莧菜摘好、洗淨；香菇切條；豆腐切片。
2. 鍋中燒滾5杯水，關火、放下莧菜浸泡2-3分鐘，撈出，泡入冷水中，瀝乾，略剁碎。
3. 把剁碎的莧菜、香菇片和豆腐放回燙莧菜的水中，開火煮滾，加調味料調好味道。

葉菜類

龍鬚菜

龍鬚菜高纖，可降血糖，促進排便排毒，富含維生素C，也能幫助清熱美白。

龍鬚菜是佛手瓜的幼藤，台語叫做香瓜仔心，乍看酷似佛像手腕微彎的樣子而得名。龍鬚菜營養成分還較佛手瓜高，新鮮脆綠，以長15-20公分，帶2-3節葉片的莖蔓最佳，當佛手瓜熟透時，底部就會開始發芽，最後掉落地面，自然生長，龍鬚生命力很強，即使遇到惡劣的環境也能存活，到了冬季，雖然藤葉凋謝，但並不枯死，隔年春天又會長出嫩綠的新芽。

龍鬚菜是少數不須用農藥栽培的鄉土蔬菜，極易種植，盛產期為3-11月，尤以5-7月最多，栽培在海拔1000公尺山上，尤其在濃濃夜露時採摘的龍鬚菜，鮮嫩青脆可口。

樹子龍鬚菜

材料

龍鬚菜1把（約300公克）
薑絲1大匙、樹子1大匙
枸杞子1大匙

調味

鹽少許、味醂1大匙
麻油1茶匙

做法

1. 龍鬚菜摘取較嫩部位，先洗淨、再折成小段。
2. 用2大匙熱油炒香薑絲，再放下樹子和龍鬚菜，快速炒勻；並加入調味料及枸杞子拌勻即成。

秋葵

秋葵黏液可保護胃壁，對關節僵硬或胃潰瘍也有改善作用。

俗名羊角菜、羊角豆，又稱黃秋葵，果實長條、形如羊角，莢內有許多小豆，所以又叫角豆，我國早在明朝《本草綱目》中已有敘述，但未普遍栽培。秋葵蒴果長得很快，僅 3-5 天果實就會太老且纖維化，品質不易控制，對種植的農民而言，秋葵角果上有剛毛，葉、莖上亦有茸毛刺刺的，引起不快，採收後果實碰擦處的表皮容易褐化而外觀不雅，使種植面積較難以擴展。此外，還含有胡蘿蔔素，可保護眼睛，所含的鐵質則可預防貧血。

秋葵地瓜湯

材料 秋葵 150 公克、地瓜 200 公克
薑 2 大片、水 4 杯

調味 鹽適量、糖少許

做法
1. 地瓜削皮、切成小丁狀，加薑和水 5 杯，煮 5 分鐘。
2. 秋葵去蒂頭、切丁後也投入地瓜湯中，續煮 3 分鐘，加調味料即可。

雙味秋葵

材料 秋葵 300 公克

調味 醬油膏 4 大匙 、芥末醬 1 茶匙
大蒜末 1 大匙

做法
1. 醬油膏分裝 2 小碟，分別加入芥末醬和大蒜末拌勻，做成沾醬。
2. 秋葵洗淨，入 95℃的熱水鍋中浸泡 2 分鐘，取出略為放涼，切 2 至 3 段，食用時依個人喜好沾上芥末醬油或大蒜醬油。

葉菜類

青江菜

養顏美容，改善便祕、清除內熱，滋潤皮膚，防止老化。

又稱湯匙菜、青梗白菜、江門白菜，每一葉片都像一支稍彎的湯匙般，富含維生素 B1、B2、C、胡蘿蔔素、鉀、鈣、鐵、蛋白質、纖維素等營養，對於保養眼睛、牙齒也有極大的幫助，還具防癌抗癌、預防結腸癌功效。牙齦發腫或口乾舌燥時，適合多吃青江菜。

青江菜炒香菇

材料 青江菜 300 公克、乾香菇 3 朵
大蒜 1-2 粒

調味 鹽適量

做法
1. 乾香菇洗淨、泡軟，斜切片；青江菜洗淨、切長段或是整支不切。
2. 鍋中加熱 2 大匙油，燒熱後先爆香大蒜片和香菇，加入青江菜翻炒，加鹽調味即可起鍋。

＊香菇可以先放入碗中，加水、醬油和少許糖一起蒸 30 分鐘，使香菇能入味、好吃。

地瓜葉

常吃地瓜葉可促進腸胃蠕動，防止動脈硬化。

就是番薯葉，又稱豬仔菜，在台灣光復初期常以番薯和它的莖葉做為餵豬的主要飼料，平民人家也常以地瓜葉為主要蔬菜，因而得名。

地瓜葉含有大量的葉綠素、膳食纖維，所含維生素 A 更是菠菜的兩倍，還有葉酸和類胡蘿蔔素，常吃可促進腸胃蠕動，防止動脈硬化，還能補氣生津，現在已成最受都市人歡迎的綠色蔬菜。地瓜葉不可生食，汆燙後食用為宜，才確保無礙健康。

炒地瓜葉

材料 地瓜葉 300 公克、枸杞子 1 大匙
薑絲 1 大匙

調味 鹽適量

做法
1. 枸杞子洗淨、略為泡軟；地瓜葉摘好、洗淨備用。
2. 鍋中放入 2 大匙油，燒熱後先爆香薑絲，再加入枸杞子炒香，最後加入地瓜葉拌炒，加鹽調味即可。

地瓜葉拌豆乳醬

材料 地瓜葉 300 公克

調味 豆腐乳 1/2 小塊、味醂 1 大匙
麻油 1/2 大匙

做法
1. 豆腐乳壓成泥，加味醂和麻油調好備用。
2. 地瓜葉洗淨、瀝乾水分，放入 95℃的熱水鍋中，浸泡約 1 分鐘，撈出、瀝乾，淋上調味汁，拌勻即可。

白花椰菜

白花椰菜被稱為甘藍科中的貴族，含有大量的礦物質和維生素，多吃花椰菜能夠預防癌症。

俗稱白花菜，含大量礦物質和維生素，尤其富含維生素 A，可護目、潤肺、預防感冒，所含的維生素 B 群能維護神經系統健康。在選購方面，花球表面越是潔白，烹煮過後風味越佳，若有污黃或花莖枯萎者則為劣品。

花椰菜的維生素 C 非常豐富，即使烹煮後，也不易流失，只會減少 1/3 左右，這是因為花椰菜與芋頭食品一樣，屬於組織結構嚴密的植物。由於花椰菜有澀汁，所以要在水中煮一下後再食用。

番茄炒花椰菜

材料 白花椰菜半顆、番茄 1 個

調味 醬油 1 茶匙、鹽適量、糖 1/3 茶匙

做法

1. 白花椰菜摘成小朵；番茄洗淨、切塊。
2. 鍋中放入 2 大匙油，燒熱後放入番茄翻炒數下，淋下醬油和水 3 大匙，炒至番茄略軟。
3. 加入花椰菜再拌炒，加約 1/4 杯水和鹽、糖調味，蓋上鍋蓋，燜煮一下，即可起鍋。

紅麴花椰菜

材料 花椰菜半顆

調味 紅麴醬 1 大匙、無脂沙拉醬 2 大匙

做法

1. 調味料調好備用。
2. 花椰菜洗淨、切成小塊，放入熱水鍋中煮約 1-2 分鐘，取出濾乾水分。
3. 將紅麴沙拉醬淋在花椰菜上即可。

茭白筍

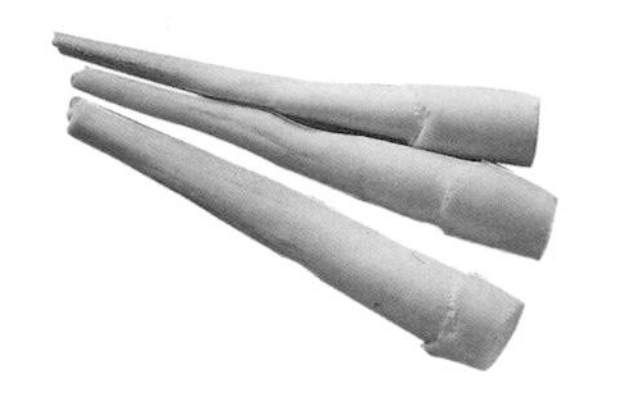

茭白筍熱量低、水分多，讓人有飽足感，是減肥最好的食材。

茭白筍能清熱解毒。但因屬性寒涼，女性在月經前後不宜食用；此外，茭白筍含有草酸元素，腎臟炎、尿路結石患者忌食；避免和豆腐同時食用；痛風者也禁食為宜。

涼拌茭白

材料 茭白筍 300 公克、熟胡蘿蔔絲少許

調味 淡色醬油 1 大匙、麻油 1 小匙
水果醋 1/2 大匙、味醂 1 大匙

做法
1. 將所有調味料調勻備用。
2. 茭白筍洗淨，放入鍋中，用大火蒸 4 分鐘，熄火再燜一下，取出放涼。
3. 將涼透的茭白筍切絲，和胡蘿蔔絲一起淋上調味料，拌勻即可。

味噌烤茭白筍

材料 茭白筍 300 公克

調味 味噌 2 大匙、味醂 1 大匙

做法
1. 烤箱先預熱至 200℃。
2. 茭白筍洗淨、對剖成兩半，斜切上交叉刀口，塗上一層味噌醬（先和味醂調勻），放入預熱好的烤箱中，烤約 6-8 分鐘即可。

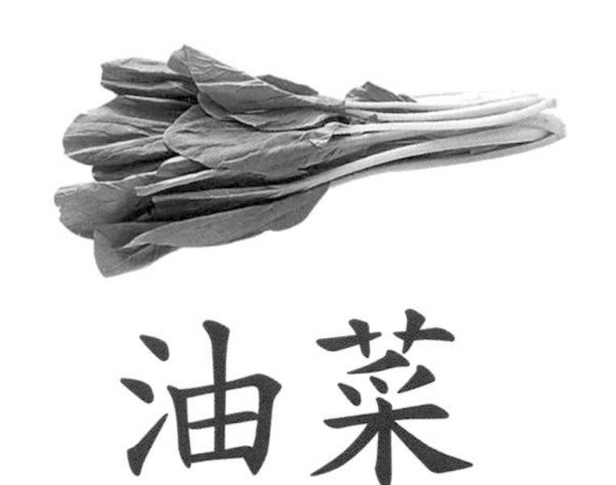

油菜

油菜的營養成分含量及其價值是各種蔬菜中的佼佼者。

油菜中含有鈣、磷、鐵、胡蘿蔔素，所含維生素 C 比大白菜高 30 多倍。中醫認為油菜性辛涼、入肝、脾經，可涼血、散血、治癆傷吐血、血痢、產後瘀血等，更具去丹毒、熱毒功效。另外，可搗碎外敷、治療乳頭紅腫症狀。

油菜花略帶甜味，色黃鮮艷，容易入口，富含鈣質，可促進青少年成長時期的鈣質吸收，減輕婦女、老人骨質疏鬆症。

油菜花亦含有豐富的維生素 C、K、B2 和胡蘿蔔素，口腔易潰爛、齒齦易流血、皮膚乾燥易癢的人可多吃。

杏仁油菜

材料

油菜 300 公克
整顆杏仁 2 大匙

煮汁

素高湯 2 大匙、味醂 2 大匙
淡色醬油 1/2 大匙、鹽 1/2 茶匙

做法

1. 油菜去掉老梗部位，整根洗淨，入開水鍋中燙半分鐘撈出，用冰水浸涼，以保持翠綠，取出、擠乾水分，切段待用。
2. 煮汁入鍋煮滾，關火、放下切段的油菜浸泡一下，2-3 分鐘後撈起、裝碟。
3. 杏仁粒放入烤箱中，小火慢烤至熟，待涼、切成丁粒。
4. 涼透的杏仁粒，撒在油菜上即可。

鮮菇炒油菜

材料 油菜 300 公克、巴西蘑菇 3 朵、大蒜 1 粒

調味 鹽、味醂各適量

做法

1. 油菜摘好、切段；巴西蘑菇切片。
2. 把 4 杯水煮滾後關火、略降溫，放下油菜和巴西蘑菇浸泡 2 分鐘，撈出，瀝乾湯汁、裝入碗中。
3. 用 1 大匙橄欖油將大蒜末炒香，關火、淋在油菜上，再加入調味料一起拌勻。

油菜雪裡紅

材料 油菜 300 公克、豆包 1 片，紅辣椒 1/2 支

調味
（1）黃糖 2 茶匙、油 1 大匙
（2）香菇粉、白胡椒粉、鹽各少許

做法

1. 雪裡紅做法：油菜洗淨、滴乾水分，撒上鹽、放入塑膠袋中，搓揉一下，放置半小時，見油菜回軟，再加以揉搓一下，放在陰涼處或冰箱中，天熱時約 5-6 小時後即成為雪裡紅，要香一點的話，可以放置一夜再吃。
2. 雪裡紅清洗後擠乾水分，切碎；豆包切丁；紅辣椒切丁。
3. 煮滾 3 杯水，關火，加入調味料（1）放入雪裡紅和豆包，一燙即可撈出。
4. 瀝乾水分，放入碗中，加入紅椒片和調味料（2），拌勻即可。

絲瓜

絲瓜營養價值很高，能消暑熱、通乳汁，胃腸燥熱的人宜多食用。

絲瓜含有蛋白質、鈣、鐵、胡蘿蔔素、維生素 B1、B2、C、生物鹼、氨基酸。能化痰、涼血、解毒，但因性涼，胃寒體質者可搭配生薑煮食。

絲瓜有圓筒絲瓜和直角絲瓜（俗稱澎湖絲瓜）兩種，直角的肉質較脆，可憑個人喜好選 。

茄燒絲瓜

材料
澎湖絲瓜 1 條、番茄 1 個
凍豆腐 1 小塊、蒜片 1 大匙
薑片 3-4 片

調味
鹽適量、糖 1 茶匙
水 1/2 杯

做法
1. 絲瓜輕輕刮去外皮、切成滾刀塊狀；番茄切塊。
2. 凍豆腐切成小塊，用開水汆燙一下、瀝乾；關火後把絲瓜放入水中，見絲瓜微軟即可撈出，備用。
3. 燒熱油 2 大匙，放下蒜片和薑片爆香，加入番茄炒一下，加入凍豆腐和調味料，煮滾 2 分鐘後加入絲瓜，一滾即可關火。

絲瓜米苔目

材料 圓筒絲瓜 1 條、綠竹筍絲 1/2 杯
新鮮香菇 2 朵、薑絲 1 大匙、蒜片適量
米苔目 200 公克、滾水 5 杯

調味 鹽適量、麻油 1 茶匙、白胡椒粉隨意

做法
1. 絲瓜輕輕削去外皮（勿削太厚，才能保持翠綠），先剖兩半後再切成片，用 9 分熱的水燙一下，撈出。
2. 用 2 大匙油炒綠竹筍和切條的香菇，炒熟後，注入滾水 5 杯，再加入調味料煮滾。
3. 加入米苔目，再滾即熄火，放下絲瓜拌勻、裝碗，撒上白胡椒粉即可。

絲瓜薑絲燒海苔

材料 絲瓜 1 條、薑絲 1 大匙、海苔片適量

調味 鹽適量

做法
1. 絲瓜切成薄片。水煮滾，關火降溫一下，約在 90-95℃時放入絲瓜，泡 1-2 分鐘至微軟即撈出。
2. 用 1 大匙油爆香薑絲，再放入絲瓜片，即關火，加鹽適量調味，拌勻。
3. 加入海苔片略拌即可裝盤。

瓜果類

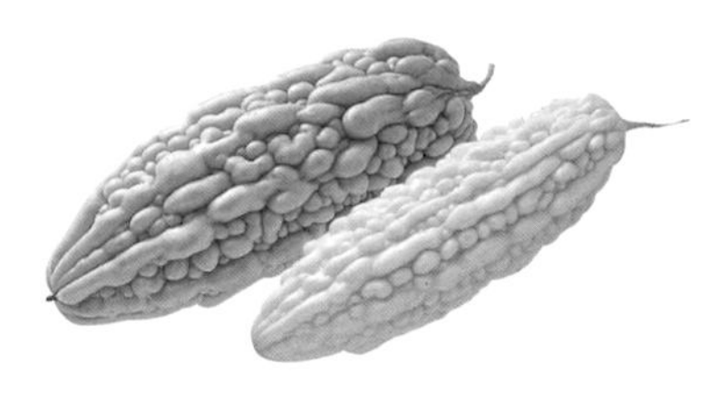

苦瓜

苦瓜的苦瓜鹼，對多種腫瘤有抑制癌細胞惡化作用。

苦瓜因其味苦而得名，原產在東印度的亞熱帶地區，明初傳入我國。苦瓜藥用價值極高，很多藥典都有記載，中醫常用苦瓜做單方治療劑，煮苦瓜湯或做菜食，用以防治糖尿病、抗癌。苦瓜常見的有白色及綠色品種，綠色苦瓜的維生素含量較高。苦瓜含有苦瓜鹼，對多種腫瘤有抑制癌細胞惡化的作用，還能清肝解毒，消炎明目，解暑降火，另含有高量維生素 C，可抗氧化。

另有一種小型綠色的山苦瓜，味道更苦，亦有清熱解毒，利尿消腫的功效。苦瓜真是現代人減肥消暑的高纖蔬菜。

鳳梨拌苦瓜

材料

苦瓜 300 公克、新鮮鳳梨 150 公克
子薑片 1 大匙

調味

黃芥末粉 1 茶匙（或綠色均可）
橄欖油 2 大匙、味醂 1 茶匙
檸檬汁 1 茶匙、鹽適量
蜂蜜 1 大匙

做法

1. 苦瓜切成薄片，入 95℃的熱水鍋中、浸泡 1 分鐘，撈出後用冰水沖涼。
2. 新鮮鳳梨切片；調味料先仔細調勻。
3. 苦瓜、鳳梨片、子薑片拌入調味料，拌勻即可。

香菇燒苦瓜

材料 苦瓜 1 條、香菇 3 個、薑片 3 片

調味 醬油 2 大匙、冰糖 2 茶匙、水 1 杯

做法

1. 苦瓜去籽、切成小塊；香菇泡軟、切片。
2. 用 2 大匙油略煎香薑片和香菇，待香氣透出後放下苦瓜，再炒一下，放下調味料燒至入味（苦瓜熟透）即可。

五味苦瓜

材料 苦瓜 1/2 條、蔥 1 支、大蒜 1-2 粒
紅辣椒 1 支、香菜 1 支

調味 醬油 1 大匙、番茄醬 1 大匙、醋 2 大匙
糖 2 大匙、鹽少許、麻油 2 大匙

做法

1. 苦瓜剖開，挖除瓜籽，由正面打斜切成薄片，泡入水中，放入冰箱冰 2 小時（或以冰水來泡）。
2. 蔥切碎；大蒜磨泥；紅辣椒去籽、切碎；香菜切細末，全部和調味料調勻。
3. 苦瓜瀝乾水分，再用紙巾吸乾水分，裝盤，附五味醬沾食。

＊可以用五味醬直接拌苦瓜，拌了之後，放置 1 小時使它入味。

瓜果類

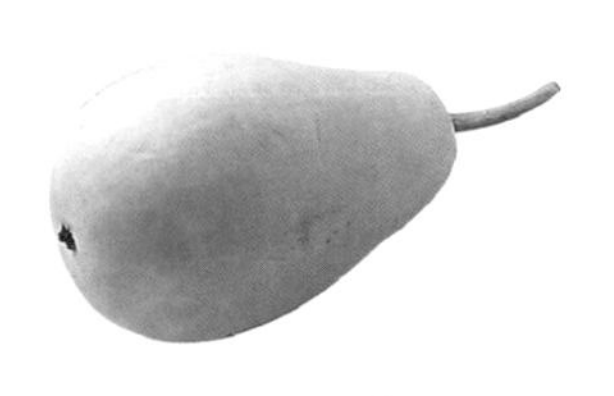

扁蒲

扁蒲能改善肺炎、腸炎、糖尿病、膽汁分泌系統障礙。

扁蒲為瓠仔、蒲瓜、匏、葫蘆等園藝學上的總稱，扁蒲含水分、脂肪、醣質、皂鹼素、維生素 B1、B2、C 等營養成分，能改善肺炎、腸炎、糖尿病、膽汁分泌系統障礙等症狀。嫩果可供炒食或煮湯，也可切絲，或曬乾成為蒲乾，俗稱蒲仔絲、蒲仔乾、蒲絲乾或蒲乾絲，質樸味甘，具有特殊風味，為加工蔬菜的珍品。

而扁蒲種類中的葫蘆，諧音福祿，兼有藤蔓綿延、結實纍纍，多子多孫的美意，很受歡迎。長杓形的扁蒲皮還可被製作成水杓等用具，十分實用。

紅麴扁蒲

材料 扁蒲 1/2 個（約 600 公克）、蔥花 1 大匙
嫩薑末 1 茶匙、蒜末 2 茶匙、香菜適量

調味 紅麴醬 1 大匙、白味噌 1 茶匙、橄欖油 2 大匙、味醂適量

做法
1. 扁蒲削皮後切成薄片，入開水鍋燙熟（約 1 分鐘），撈起、瀝乾水分待涼。
2. 調味料拌勻。蔥花、薑、蒜、香菜和扁蒲加調味料拌勻即可。

紅燒扁蒲

材料 扁蒲 600 公克、南瓜 300 公克
薑絲 1 大匙、水 2 杯

調味 淡色醬油 2 大匙
冰糖 1/2 大匙、鹽適量

做法
1. 扁蒲削皮、南瓜連皮，分別切成厚片。
2. 熱油 3 大匙爆香薑絲，再放入扁蒲、南瓜炒勻，加水 2 杯煮約 6-8 分鐘。待扁蒲變成半透明狀，加入調味料續煮入味便可。

扁蒲香菇炒粉絲

材料 扁蒲 1/2 個、香菇 2 朵
粉絲 1 把、蒜末 1 大匙

調味 淡色醬油 1 大匙、鹽適量
麻油數滴

做法
1. 扁蒲削皮、切絲；香菇泡軟、切絲；粉絲泡軟、剪短一點。
2. 起油鍋，以 2 大匙油爆香蒜末和香菇絲，放入扁蒲炒一下，加入泡香菇的水（約 1 杯）、鹽和醬油，煮 2-3 分鐘。
3. 加入粉絲，再煮至粉絲透明，滴下麻油，關火、裝盤。

＊扁蒲煮的時間依個人喜愛的軟硬度而增減。

番茄

番茄能預防前列腺癌、肺癌、胃癌，對胰臟癌、大腸癌、食道癌、口腔癌、乳癌、子宮頸癌，能夠以抗氧化的方式預防癌症。

番茄含有茄紅素、維生素 A、維生素 C，養顏、止渴、抗癌，還可促進排便和塑身，具有抗老化作用，並能改善火旺嘴破的症狀，幫助身體發揮自行排毒的機能。但番茄性寒涼，有脾胃寒滯或手腳經常冰冷、大便滑瀉情況的人，不宜長期大量食用。

還要注意的是因為番茄含有大量果膠、柿膠酚等成分，容易與胃酸發生凝結的化學作用，使胃裡堵塞、胃脹的壓力升高，腸胃消化功能不佳者不宜空腹食用。

番茄又名西紅柿，市場上常見的番茄有黑葉番茄和牛番茄，牛番茄顏色很紅，但是番茄味道比較淡。

番茄豆腐

番茄 2 個、豆腐 1 方塊
蔥 1 支、水 1/3 杯

醬油 1 茶匙、鹽 1/4 茶匙
糖 1 茶匙、太白粉水適量

1. 番茄切小丁狀；豆腐切小方塊。
2. 熱油 2 大匙爆炒蔥段和番茄丁，見番茄略軟，加入豆腐塊和水及調味料。
3. 大火燒透後，煮約 1-2 分鐘、使豆腐入味，可用太白粉水略勾芡。

糖醋番茄

奇異果（生硬點）2 個
紅番茄 1 個、鳳梨片 1/2 杯
水梨 1/2 個

醋 2 大匙、糖 3 大匙
水 3 大匙、鹽 1/4 茶匙
肉桂粉 1/2 茶匙

1. 奇異果削皮、切厚片；紅番茄切滾刀塊；水梨切片。
2. 鍋中將調味料煮滾，加入奇異果片後即熄火，盛出待涼。
3. 將番茄、鳳梨和水梨加入已涼透的糖醋汁中拌勻；浸泡片刻、待入味後即可食用。

番茄沙沙醬

番茄 2 個、洋蔥碎末 1 大匙
紅辣椒末 1 茶匙、香菜末 1-2 大匙

鹽、黃糖各少許
檸檬汁 1-2 茶匙

1. 番茄切成小丁，加入洋蔥碎末和香菜末拌勻。
2. 加入調味料再拌勻，可以夾麵包或是放在高纖餅乾上一起吃。

青椒 彩椒

青椒富含維生素 C 及矽元素，尤其矽元素多吃可以促進細胞活化，幫助新陳代謝，增加人體抵抗力。

甜椒品種眾多，中式吃法也常用來熱炒。青椒含有維生素 A、B1、B2、C、鐵和鈣，可增強視力，有益於高血壓、糖尿病和心臟病患。

青椒一年到頭都可以買到，特別盛產於夏季，非常物美價廉。有甜味的紅色和黃色甜椒含有鈣、磷、鐵、鈉、鉀、鎂、鋅、維生素 A、C、B1、B2、B6，有益活化細胞組織、促進人體新陳代謝、增強人體免疫能力，為美容養顏、抗衰老的最佳果菜。

五味青椒

材料 青椒 2 個、五香豆干 3 小塊、豆豉 1 大匙

五味醬 辣椒末 1/2 大匙、蒜末 1 茶匙、薑末 1 茶匙、蔥花 1 大匙
檸檬汁 2 大匙、蜂蜜 1 大匙、淡色醬油 1 大匙、熟白芝麻 1 茶匙
橄欖油 1 大匙

做法
1. 豆豉用乾鍋先炒香，盛出、待涼。青椒和豆干分別切成細絲，投入開水中汆燙半分鐘，撈起，用風扇快速吹涼。
2. 五味醬和豆豉拌勻。青椒、豆干和五味醬拌勻即可。

芋泥彩椒沙拉

材料 青椒、紅、黃甜椒各 1/2 個
芋頭 150 公克

調味 零脂沙拉醬 1 大匙、鹽適量
蜂蜜 1/2 大匙、冷開水 2 大匙

做法
1. 彩椒去籽、切成塊狀，用冰開水浸泡 3 分鐘，瀝乾、裝碟待用。
2. 芋頭蒸熟，趁熱壓成泥，冷開水慢慢調開後，再加入沙拉醬和蜂蜜、鹽調勻。芋泥醬裝入袋內，剪小洞，在彩椒上畫上條紋即可。

義式拌彩椒

材料 青椒 1 個、紅甜椒 2 個
黃甜椒 2 個

調味 義大利香料 1 茶匙、鹽 2/3 茶匙
粗粒胡椒粉 1/4 茶匙
水果醋 3 大匙、橄欖油 3 大匙

做法
1. 各種椒類剖開、去籽，用極少許的油煎黃表面，盛出，再放入烤箱中，將表面烤黃一些。
2. 取出甜椒，立刻泡入冰水中，剝去外層薄膜，再用刀切成寬條。
3. 調味料在碗中拌勻，放入甜椒，浸泡 30 分鐘即可食用。

黃瓜

黃瓜有美白功效，想要美白的女性可以多吃。

大黃瓜含有鉀、鈣、鈉等礦物質，有益於皮膚美容、防治脫髮和齒槽膿漏，全年都可買到，用於沙拉生吃很爽脆，也可醃漬來當做小菜，做醃菜時必須鹽漬把水分擠掉後才能淋上沙拉醬。

小黃瓜含有鈣、磷、鐵、維生素 A、C、B1、B2、菸鹼酸，能美白，有助清熱、消除浮腫，涼拌生吃功效最佳。此外，含有豐富水分，有助新陳代謝，而內部的嫩籽含有多量的維生素 E，能淨化血液，幫助腎臟功能正常運作，且能防止孕婦流產。

小黃瓜全年均有生產，利尿、清熱、解暑，尤其是夏季清熱解暑的上等蔬菜。小黃瓜性寒，可以清熱、解渴、利水。用小黃瓜保養肌膚，可以防止黑色素沉澱。

芝麻大黃瓜

材料 大黃瓜 1 條、黑芝麻（炒熟）1/2 大匙

調味
（1）鹽 1 茶匙
（2）醋 1 大匙、糖 1 大匙、醬油 1/2 茶匙

做法
1. 大黃瓜去皮、去籽，切成薄片，加調味料（1），醃上半小時
2. 大黃瓜片擠乾水分，加調味料（2）拌勻，置冰箱冰涼再裝碟，撒上黑芝麻即成。

大黃瓜燒香菇

材料 大黃瓜 1 條、香菇 5 朵
蔥 1 支

材料 醬油 2 大匙、味醂 1 大匙
水 1 又 1/2 杯

做法
1. 黃瓜削皮、對剖開，挖除瓜籽、切成塊。香菇泡軟、切片。
2. 鍋中用 1 大匙油炒香蔥段和香菇，放下大黃瓜塊同炒幾下，再加入調味料，同煮至大黃瓜夠軟，約 12-15 分鐘。

黃瓜消脂美容汁

材料 大黃瓜 1/4 條、苦瓜 1/4 條、西芹 1 片、青蘋果 1/4 個
青椒 1/4 個

做法
1. 各種蔬果洗淨、切長條，入果菜機中榨成汁。

＊ 苦瓜較苦的話可以多加一些蘋果增加甜味。

瓜果類

南瓜

南瓜可以有效防止脫髮，預防男性攝護腺肥大

南瓜富含維生素A、C、E、鈣、鉀、胡蘿蔔素，對於防治癌症、感冒、手腳冰冷、胃潰瘍有益，此外還含豐富的醣類、澱粉、微量元素鈷，能預防便祕及結腸癌，長期食用有助防止脫髮，預防男性攝護腺肥大，此外，還有防治糖尿病等多種功效。南瓜子是南瓜的成熟種子，經加工、乾燥而成，古代當作驅蟲良方，現代醫學和營養學則把它用於預防糖尿病、男性攝護腺炎或肥大，而南瓜子也可榨油食用，活力機能性很強，男性可常吃。

南瓜濃湯

材料 南瓜300公克、馬鈴薯50公克
水200 cc、椰漿少許

調味 鹽少許

做法
1. 南瓜整塊連皮、連籽，和馬鈴薯一起蒸熟。
2. 蒸熟的南瓜去皮、去籽；馬鈴薯趁熱剝掉外皮，切成小塊，加入水、用果汁機打成泥。打好的南瓜泥倒入鍋中，煮至再滾即可調味，倒入碗中，上面淋上少許椰漿增香。

* 南瓜湯如果加滾水去打成泥便可以直接飲用，不再煮沸的南瓜湯可以保存較多的營養成分，也不必加鹽調味。

煮南瓜

材料 南瓜 1/2 個、乾栗子 1 小把、薑絲 2 大匙

做法
1. 栗子泡水一個晚上，用牙籤將縫隙裡面的紅膜挑乾淨。（新鮮栗子則不用泡，先蒸 15 分鐘再用）
2. 南瓜用刷子將表皮刷乾淨，連皮切成滾刀塊。
3. 起油鍋先將薑絲爆香，再將南瓜和栗子一起下鍋，翻炒至南瓜表皮變色，加入鹽少許和 1 杯水，蓋上鍋蓋、燜到南瓜熟透即可。

拌南瓜片

材料 南瓜 1/4 個
薑末 1 茶匙

調味 淡色醬油 1 茶匙、味醂 1 大匙
味噌 1 茶匙、麻油少許

做法
1. 南瓜連皮刷洗乾淨，剖開、去籽，切成薄片，入 95℃ 的開水鍋中燙 30 秒鐘，撈出，瀝乾水分。
2. 調味料調勻，拌入薑末和南瓜片，拌勻即可。

堅果南瓜餅

材料 全麥麵粉 80 公克
杏仁片 2 大匙、南瓜泥 1 杯

調味 鹽 1/2 茶匙
糖 1/4 茶匙

做法
1. 將全麥麵粉、杏仁片和南瓜泥及調味料一起放入大碗中，調勻成稀糊狀。
2. 平底鍋燒熱，加入少許油，用湯匙將南瓜糊挖起、放入鍋中，煎成南瓜餅。

黃豆 豆腐

含有極豐富的蛋白質能消除疲勞，預防糖尿病、高血壓及動脈硬化、腳氣病、貧血症等。

黃豆就是大豆，營養價值很高，含有極豐富的蛋白質、脂肪、醣類及礦物質磷、鐵，維生素A、B，能消除疲勞，預防糖尿病、高血壓及動脈硬化、腳氣病、貧血症等，老年癡呆症可能和卵磷脂的缺乏有關，而卵磷脂的最佳來源之一，正是黃豆，但因黃豆含有普林，痛風者禁食。

豆腐是黃豆的加工製成品，熱量低，易消化，營養價值很高，所含的鈣、鐵量較豐富，是人體補充營養的最佳來源。十餘年來許多研究發現，東方人罹患乳癌、大腸癌、攝護腺癌的機率是西方人的四分之一，認為東方人嗜食豆腐是原因之一，因為黃豆蛋白中含有高量的異黃酮素（植物性雌激素），是很優質的抗氧化劑，豆腐 100g 中含有 40mg 的異黃酮素，堪稱是良好的保健食品。

除了預防癌症，多吃豆腐也能降低血中膽固醇，減少罹患心臟疾病的機率，以及預防老年癡呆症，大豆蛋白具有降低血中膽固醇的功能，並能促進人體生長發育，修補組織，調節生理機能。

除豆腐外，用大豆醬製的味噌可做調味料，最能促進蛋白質的吸收，排除眼睛、體內血液吸收的輻射線毒素。

枸杞樹子豆腐

材料　豆腐 1 塊、樹子 3 大匙
枸杞 2 大匙

調味　淡色醬油適量、水 1/2 杯

做法

1. 豆腐切小厚片，用平底鍋稍煎。
2. 把樹子和調味料加入鍋中，和豆腐一起燒至入味。
3. 見豆腐湯汁快收乾時，加入枸杞拌勻。

黃豆燒海帶結

材料 黃豆 150 公克、海帶結 300 公克
薑片 2 片、紅椒 1 支

調味 黃豆 150 公克、海帶結 300 公克
薑片 2 片、紅椒 1 支

做法
1. 黃豆加水泡 4-6 小時，瀝乾水分。
2. 薑片爆香，加入黃豆和水，煮約 30 分鐘。
3. 加入海帶結及調味料，再煮至夠爛、約 10-15 分鐘，把湯汁收乾加入紅椒片，嘗一下味道便可裝盤。

＊如用乾海帶結，需先沖洗一下，在黃豆煮了 10 分鐘後，加入黃豆中同燒至爛。
＊黃豆不容易煮爛，要先浸泡後再煮，但是天熱時容易發酸，浸泡時要換水。

香菇鑲豆腐

材料 豆腐 2 方塊、鮮香菇 8 朵、芹菜末 2 大匙
胡蘿蔔末 2 大匙

調味 鹽、白胡椒粉、蛋白 1 大匙、糖少許
麻油少許

做法
1. 香菇洗淨、擦乾，在內部撒下鹽和胡椒粉各少許，放置 3-5 分鐘。
2. 豆腐片去老硬的外皮，壓成細泥，並多吸乾水分，拌入調味料（1），攪拌成豆腐泥。
3. 香菇上撒少許太白粉，將豆腐泥鑲在香菇上，再撒上芹菜末和胡蘿蔔末，上鍋蒸 10 分鐘至熟。
4. 取出香菇放盤中，蒸出的汁澆淋在豆腐上或者再淋一些調過味的湯汁（可略微勾芡）、使它光亮滑潤些。

紅豆

紅豆能消除疲勞、食欲不振、便祕和浮腫，預防高血壓。

紅豆含有維生素 B1、鐵、鉀、磷、纖維，有益消除疲勞、食欲不振、便祕和浮腫，也可預防高血壓。中醫把性平偏涼的紅豆稱赤小豆，用於利水、利尿、消腫、健脾止瀉。本草綱目記載紅豆通小腸、利小便、行水散血、消腫排膿、清熱解毒、治瀉痢腳氣、止渴解酒、通乳下胎。現代醫學把紅豆也用於促進心臟活化，改善疲倦、怕冷和低血壓。女性常吃紅豆能促進血液循環、補血潤顏色、紓緩經痛。

冬瓜紅豆湯

材料　紅豆 1/2 杯、薏仁 1/2 杯、冬瓜 400 公克
香菇 5 朵、薑 2 片、陳皮 1-2 片或陳皮絲少許

鹽適量

做法
1. 紅豆洗淨、泡水 5 小時。
2. 薏仁洗淨；香菇沖洗一下；冬瓜去籽、連皮切成塊。
3. 湯鍋中放水 6 杯，放入紅豆、薏仁、香菇和薑片，一起煮 20 分鐘左右。加入冬瓜和陳皮，再煮約 20 分鐘，關火、加鹽調味，續燜 5-10 分鐘再上桌。

＊最後再燜 10 分鐘可以使冬瓜入味、紅豆粒軟且完整。

紅豆香米飯

材料　紅豆 1/3 杯、水 3 杯
香米（免浸泡的有機糙米）或是其他的胚芽米或糙米 2 杯

做法
1. 紅豆洗淨，用水浸泡 2 小時；瀝乾水分，加水 1 杯和鹽 1 茶匙，入電鍋蒸 10-15 分鐘（蒸至剛熟即可，不要蒸至有裂口）。
2. 香米洗淨，加上 2 杯水及蒸過的紅豆，放入電鍋煮熟即可。

陳皮紅豆圓仔

材料　紅豆 2 杯、糯米圓子 1 杯
陳皮 1-2 片或陳皮絲 5-6 根

黃糖適量

做法
1. 紅豆泡水 5-6 小時，瀝乾水分。
2. 湯鍋中把 6 杯水先煮開，放下紅豆和陳皮，煮滾後改極小的火煮 30-40 分鐘，關火，加糖攪勻，再燜 20 分鐘。
3. 另煮水，放下圓子煮至浮起、已熟，撈出，放在紅豆湯中。
4. 紅豆也可以用電鍋蒸爛，則水可以減少 1 杯。

四季豆

四季豆含大量礦物質，對補血很有幫助。

又稱敏豆，含大量的礦物質，包括鐵、鈣、磷、鈉、鉀、鎂、鋅和維生素C、B1、B2、B6，常吃能增強視力、造血補血、防止皮膚粗糙。此外，四季豆含有豐富的胡蘿蔔素和食物纖維，相對之下，維生素C的含量顯得較少。四季豆對於腳氣病者具有不錯的食療效果，豆莢部分所含的粗纖維多，適合便祕患者大量食用，可以促使排便順暢。

生菜四季豆包

材料 四季豆200公克、杏鮑菇1支、筍子半支、豆腐乾3片
胡蘿蔔半支、萵苣葉8片

調味 鹽1/2茶匙、胡椒粉少許、芥末醬2茶匙、麻油少許

做法
1. 四季豆摘好、在滾水中燙1分鐘（加少許鹽），撈出、沖涼，切小丁。杏鮑菇切丁；筍子和胡蘿蔔一起煮熟、切丁；豆腐乾切丁。
2. 鍋中熱油2大匙，先炒香杏鮑菇和豆腐乾，加入筍丁、四季豆和胡蘿蔔炒勻，加鹽和胡椒粉調味，關火，放下芥末醬再拌勻，滴入麻油。裝盤後和洗淨之萵苣葉一同上桌用以包食。

魚香醬拌四季豆

材料 四季豆200公克、薑、蒜屑各1/2茶匙、紅辣椒末1茶匙
蔥花1大匙

魚香醬 醬油1茶匙、水1/3杯、鹽、糖各少許、太白粉1茶匙
麻油數滴

做法
1. 四季豆摘除老筋，太長的可一切為二，投入滾水中汆燙至熟，瀝出，放入盤中。
2. 用1大匙油爆香薑、蒜屑及辣椒末，加入調勻的魚香醬料，撒下蔥花，做成魚香醬汁，淋入四季豆中，吃時拌勻即可。

芝麻四季豆

材料 四季豆300公克、熟芝麻

做法
1. 四季豆摘好，攤開在蒸盤上，入鍋以大火蒸5分鐘至熟（亦可用開水燙熟）。取出四季豆、趁熱拌上鹽，吹涼、切段，裝盤。
2. 熟芝麻搗成半碎，撒在四季豆上。

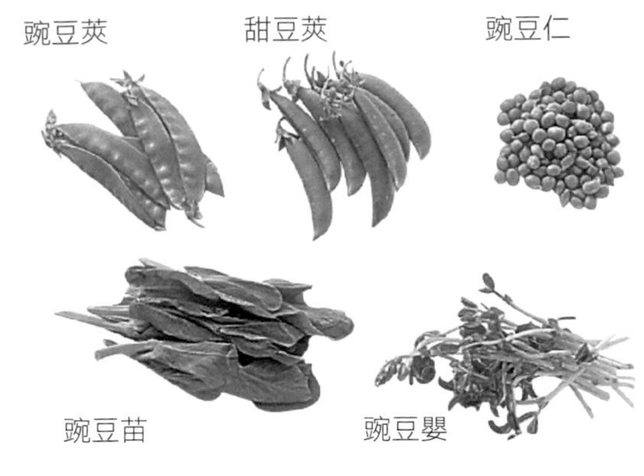

豌豆

豌豆可利小便、止瀉痢，生津止渴，通乳消脹，還可緩和腳氣病、糖尿病。

豌豆又名荷蘭豆、雪豆，含有蛋白質、脂肪、醣類、灰分、維生素 A、B1、C、礦物質鈣、硫、鐵、磷、鉀、鎂，但脾胃較弱的人不適合多吃豌豆，以免脹氣。又因豆仁含普林量多，痛風、有腎臟病變者也不應吃。

豌豆莢富含纖維質，吃了比較不會脹氣。豌豆嬰就是豌豆芽，有益緩和腳氣病、糖尿病、婦女更年期之不適症狀。

豌豆飯

材料 香米或胚芽米 2 杯、水 2 杯、香菇絲 1 大匙、豌豆仁 1/2 杯、高麗菜絲 200 公克

調味 鹽 2/3 茶匙、胡椒粉少許

做法
1. 米洗淨、加 2 杯水入電鍋煮飯。
2. 適量的油爆香香菇後，加高麗菜續炒；加調味料及豌豆仁炒勻。
3. 電鍋剛跳起時，迅速加入炒好的高麗菜（連同菜汁），稍拌一下；外鍋續加半杯水，按下煮飯鍵再煮一次，稍燜即可。

豌豆嬰果汁

材料 蘋果 1/2 個、豌豆嬰 50 公克、山藥 50 公克、鳳梨 100 公克、冰水 200 cc

做法 所有材料洗淨、切小塊，加冰水入果汁機中打勻，可略調一些蜂蜜飲用。

毛豆

食用毛豆可預防動脈硬化，安撫精神。

消除疲勞、安定心神，所含的礦物質鉀可刺激腎臟排出有毒物質，並減輕脂肪在血管中堆積。毛豆含高普林，因此痛風、腎臟病變者少吃為宜。

黑胡椒毛豆

材料 毛豆 300 公克

調味 鹽 1 茶匙、黑胡椒

做法
1. 毛豆連豆莢洗淨、放入鍋中，加水蓋過毛豆，煮開後改小火煮 10 分鐘，加鹽後關火燜 10 分鐘。
2. 把水倒掉，撒入黑胡椒拌勻。

水煮毛豆仁

材料 毛豆仁 200 公克、胡蘿蔔 1 小段

調味 淡色醬油 1 茶匙、麻油 1/2 茶匙
味醂 1 茶匙

做法
1. 毛豆仁沖洗一下，放入水中燙熟（水中加少許鹽），撈出。
2. 胡蘿蔔用磨板磨成泥，連汁和調味料一起拌入毛豆中。

＊生的毛豆薄膜較難清除，可以先燙再清除。

長豇豆

健脾解毒、消渴解熱。

又稱菜豆、長江豆，有很多品種，顏色不同，但同樣具有健脾解毒、消渴解熱的功效。炒煮時湯色常呈黑褐色，這是鐵質氧化的現象，所以最好連湯汁一起食用，紅皮菜豆更可養血，脾胃虛弱、頻尿、遺精者可多吃長豇豆當作食療。

沙拉長豇豆

材料
長豇豆 200 公克、蛋 2 個
蘋果 1/2 個、小番茄適量
馬鈴薯 1 小個

調味
零脂沙拉醬 3 大匙
柳橙汁 3 大匙、鹽少許

做法
1. 長豇豆整條用開水燙熟，撈起沖涼；浸泡冰水 3 分鐘。
2. 蛋和馬鈴薯放入水中煮熟，蛋泡冷水、剝殼，取蛋白、切成小塊；馬鈴薯剝皮、切塊。蘋果切塊；小番茄切開；調味料拌勻。
3. 長豇豆切小段、加上白煮蛋丁、蘋果丁、小番茄和熟馬鈴薯丁，拌上調味料。

*煮熟的馬鈴薯和蘋果均可不削皮，直接切塊食用。

長豇豆雜糧粥

材料 雜糧米 1 杯、水 5 杯、長豇豆 300 公克
香菇條 1 大匙、蔥花 1 大匙

材料 鹽適量、胡椒粉少許、麻油少許

做法
1. 雜糧洗淨、加 5 杯水，浸泡 4 小時後，煮成雜糧粥。
2. 長豇豆切段。
3. 熱油 2 大匙，爆香蔥花和香菇絲，再放入長豇豆同炒均勻，倒入煮好的雜糧粥，續煮至長豇豆熟透後調味即可。

* 雜糧粥煮好後也可以撒上一些枸杞子或芹菜丁來增加香氣。

豇豆素肉丁

材料 長豇豆 250 公克、素肉 15 公克
胡蘿蔔 1/2 小支、大蒜末 1 茶匙

醃料 醬油 1 茶匙、鹽 1/5 茶匙、麻油 1 茶匙
太白粉 1 大匙

調味 鹽適量、味醂 2 茶匙、胡椒粉少許

做法
1. 素肉先用水泡軟，再用醃料拌醃 10 分鐘。
2. 長豇豆切小段、胡蘿蔔切丁。
3. 熱 2 大匙油先將素肉炒一下，盛出。
4. 大蒜末放入鍋中爆香，加入豇豆和胡蘿蔔炒一下，加鹽、味醂和水燜至軟，加素肉塊入鍋拌勻，撒下胡椒粉拌勻即可裝盤。

豆類

花豆

花豆可強化心臟、去水腫、改善便祕、抽筋等症狀。

花豆又名大花豆、紅花豆、紅花菜豆，原產於中南美洲，自日據時代引進台灣，質地粉而甜，含有蛋白質、醣類、維生素 B1、B2、磷、鈣、鐵、澱粉，維生素 B1 的含量特別高，對強化心臟有益。

中醫認為花豆可去溼、去水腫、消除腳氣，又因富含膳食纖維，可改善便祕，預防大腸癌，對於孕婦而言則可改善腿部痙攣、抽筋的症狀。選購花豆以表皮帶有光澤、豆大飽滿、結實堅硬、有紅、白色斑點者為佳。花豆還可做成乾花豆、蜜漬花豆，用於蜜餞、冰飲或小點心。

花豆鮮蔬湯

材料

乾花豆 1 杯、高麗菜絲 2 杯
胡蘿蔔丁 1/2 杯、西芹丁 1/2 杯
罐頭番茄（連汁）1 杯、水 6 杯

調味

鹽適量、乾燥義大利香料適量
胡椒粉少許

做法

1. 花豆先浸泡一夜，倒掉泡豆的水後；另加入 1 杯水，置電鍋內蒸至軟透。
2. 用橄欖油 2 大匙炒熟全部的蔬菜，注入水和罐頭番茄，煮 10 分鐘；再加入花豆和義大利綜合香料，續煮 10 分鐘。
3. 在燉好的鮮蔬湯內，加入適量的鹽、胡椒粉調味即可。

牛蒡花豆

材料 牛蒡 1 條、乾花豆 1/2 杯、水 1 杯

調味 （1）水 2 杯、鹽 1/4 茶匙
（2）鹽 1/4 茶匙、糖 1 茶匙

做法
1. 大花豆浸泡 6 小時，倒掉浸豆的水。
2. 在 2 杯水中加鹽 1/4 茶匙，放入大花豆，以小火煮熟，撈起、瀝乾。
3. 牛蒡削皮，切成長型滾刀塊。
4. 用 2 大匙熱油炒牛蒡，放入 1 杯水，煮 8-10 分鐘，再放下大豆花及調味料（2），續煮 5 分鐘即可。

蜜花豆

材料 乾花豆 600 公克

調味 黃糖 200 公克、麥芽糖 50 公克
鹽 1/2 茶匙

做法
1. 花豆洗淨、泡水 6-8 小時，水倒掉。
2. 花豆加水，要蓋過花豆，煮至爛，約 1 個半小時。
3. 加入調味料再煮，要煮至糖溶化、汁收乾，關火放至涼，則甜味會進入花豆中，成為蜜花豆。

*可用快鍋來煮，約 30-40 分鐘，或以燜燒鍋來煮。
*因為泡豆子的時間很長，夏天時要換水，或放冰箱中泡一夜。

蠶豆

蠶豆可降膽固醇、消腫抗癌，增強記憶力。

蠶豆原產於地中海沿岸，自希臘、羅馬時代即開始種植，目前以大陸生產最多。蠶豆營養價值高，含有蛋白質、醣類、維生素 B 和 C 都很豐富，礦物質也很多，最大的功效是降膽固醇，中醫認為蠶豆補益脾胃、澀精固腸、通便，適合體虛、白帶患者食用。水腫、慢性腎炎患者也可常吃，消腫又抗癌，對於預防胃癌、食道癌、子宮頸癌特別有益。此外，蠶豆含有膽脂和磷脂，可加強神經細胞的傳遞，增強記憶力。

蠶豆麵腸

材料 新鮮蠶豆瓣 200 公克、麵腸 1 條
薑末 1 茶匙、辣椒 1 支

調味 鹽適量、糖 1/2 茶匙、麻油少許

做法

1. 蠶豆放入開水中汆燙 1 分鐘，撈出、沖冷水。
2. 麵腸切丁；辣椒去籽、切片。
3. 熱油 2 大匙炒薑末和麵腸，加入蠶豆，注入水少量，煮至蠶豆熟透，再放下調料，炒勻即可。

雪菜蠶豆酥

材料 新鮮蠶豆瓣 150 公克、雪裡紅 100 公克
新鮮筍 1 小支

調味 清湯 1/2 杯、鹽適量、糖 1/4 茶匙
麻油數滴

做法
1. 撕開雪裡紅的硬梗，洗乾淨，擠乾水分，切除老梗子和老葉子，切成細屑。
2. 筍煮熟，去殼、削去硬皮，切成小丁。
3. 蠶豆瓣洗淨，在鹽水中燙煮 20 秒，撈出、沖涼，再放入水中煮爛，撈出，放入塑膠袋中略壓一下（保留一些顆粒）。
4. 鍋中加熱 2 大匙油，把筍丁炒一下，再加入雪裡紅和清湯，放下蠶豆泥拌炒，酌量加鹽和糖調味，滴下麻油，拌勻裝盤。

蔥燒發芽豆

材料 發芽豆 200 公克、蔥 2 支

調味 鹽 1/3 茶匙

做法
1. 發芽豆加水（要蓋過豆子），入電鍋蒸至軟爛。
2. 鍋中熱油 1 大匙，放下蔥花爆香，加入發芽豆和水 1/2 杯（最好有蒸豆的汁），以中火再煮 2-3 分鐘，關火。

＊發芽豆是以乾蠶豆浸水發製的，市場有發好的，買不到的可以自己發，約要 5-7 天，每天換水，到有裂口、發出一點芽即可。

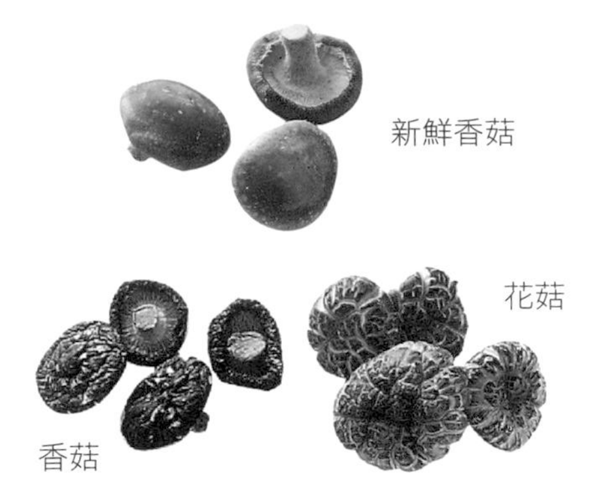

香菇

一般人食用香菇可增強抵抗力，常吃能抗癌。

香菇可預防癌細胞的形成，但已患有腫瘤、癌症的人不宜食用，如果癌細胞已在體內生長及擴散，則應禁食香菇，否則會加速癌細胞的複製、繁殖，尤其在接受化學療法、電療法等消滅癌細胞的患者，更不可吃香菇以致無療效。

常見的香菇有新鮮的和乾燥的，乾香菇又分冬菇、花菇、北菇等許多種類。

麻醬佛手菇

材料 新鮮香菇 8-10 朵、白芝麻適量

調味
（1）香菇醬油 2 大匙、鹽 1/2 茶匙
糖 1/2 大匙
（2）芝麻醬 2 大匙、味醂 2 茶匙
醬油 1 大匙、鹽 1/4 茶匙
蒜泥 1 茶匙、麻油 2 茶匙

做法
1. 香菇快速沖洗一下，切去蒂頭，在菇的表面切上刀口。
2. 鍋中將 4 杯水煮滾，放入調味料（1），同時放入香菇，煮至微軟。
3. 撈出香菇，瀝乾水分，斜切成厚片，排入盤中。
4. 小碗中預先調好調味料，淋在香菇上，撒下炒香的芝麻即可。

＊也可以將 1 支小黃瓜切片，拌上少許鹽，放置 10 分鐘後擠去水分，鋪放盤底。

香菇栗子燒

材料 新鮮栗子 300 公克、乾香菇 8 朵
綠竹筍 1 支、香菜少許

調味 薑 2 片、醬油 1 大匙、味醂 2 茶匙
水 2 杯、鹽 1/4 茶匙、麻油少許

做法
1. 新鮮栗子加水 3 杯，入鍋蒸 20 分鐘。
2. 香菇泡軟，剪去蒂頭，香菇如太大，可以切小一點；筍切塊。
3. 把 2 片薑用 2 大匙油炒香，再加入香菇和筍塊稍炒；放入醬油、味醂、水、鹽等調味料，小火燒至香菇入味（約 15-20 分鐘）。
4. 加入栗子，再煮約 5 分鐘即可關火，起鍋時滴下麻油即可。

＊如用乾栗子，要泡水一夜後，換水蒸 10 分鐘，連水浸泡著，待稍涼後（尚有熱度，約 50 度左右），用牙籤剔除掉夾縫內的紅衣。

烤鮮菇

材料 新鮮香菇 6 朵、杏鮑菇 3 支、竹籤 6 支

調味 醬油 1 大匙、鹽少許、味醂 1 大匙
黑胡椒粉少許

做法
1. 新鮮香菇和杏鮑菇用水快速沖一下，以紙巾擦乾，切成塊。
2. 將香菇和杏鮑菇串在竹籤上，塗一層混合好的調味料，放入預熱至 240℃的烤箱中，以大火烤至菇表面變軟、起皺，再刷一些調味料、再烤一下便可取出。

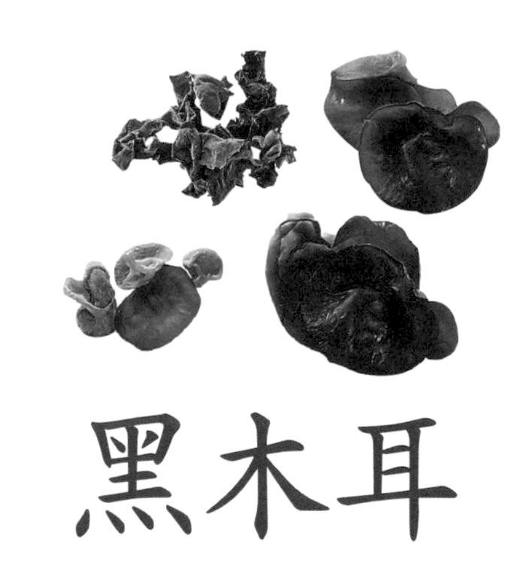

黑木耳

黑木耳營養豐富，味道鮮美，有素中之葷、樹雞的比喻。

黑木耳因狀似動物耳朵，又原生於樹木上，因此得名，種類有很多，基本上分新鮮的和乾燥的。過去黑木耳的栽種以段木為主，即將菌種植入段木之中，培植菌絲，現在則以太空包方式栽培。

黑木耳含有大量的碳水化合物，還有蛋白質、脂肪、纖維素、膠質、鐵、鈣、胡蘿蔔素、維生素 B1 和 B2，尤以鐵含量最高，比芹菜多六倍，比動物性食品含鐵量較高的鴨蛋高十三倍，是防治貧血的最佳食品。

除了防治貧血的功效外，國外學者甚至認為黑木耳含有抗癌成分多醣體，癌症病人在使用這種多醣體後，球蛋白組織會有顯著增加，因此建議腫瘤患者常食用。

黑木耳在食療方面，可強智、益氣，寒天可冬補，炎夏可退火涼身，美容養顏，防止動脈硬化，清熱清涼，預防白髮、掉髮，但身體行氣虛弱、患有出血症如咳血、便血或性能力較弱的人，不宜食用。

木耳香菇湯

材料 新鮮木耳 1 杯、鮮香菇 3 朵
薑絲 1 大匙、豌豆莢 10 片、水 5 杯

調味 鹽適量、麻油少許

做法
1. 木耳摘去硬的根部、洗淨，撕成小朵。
2. 香菇切片；荷蘭豆摘好。
3. 水煮滾加入薑絲、木耳，先煮 3 分鐘後；放下香菇和豌豆莢煮熟，加入調味料即可。

炒木耳

材料 乾木耳 2 大匙、黃瓜 1 支、筍 1 小支
蔥 1 支

調味 淡色醬油 1/2 大匙、味醂 1 茶匙
鹽適量、麻油數滴

做法
1. 木耳泡水至完全發脹，摘去硬的根部，多沖洗幾次，如有大朵的要撕小一點。
2. 黃片切片；筍去殼、切片；蔥切段。
3. 鍋中熱油 1 大匙，炒香蔥段和筍片，加水 1/2 杯和鹽少許，將筍片煮熟。
4. 放下木耳和醬油、味醂，再煮2-3分鐘，最後放下黃瓜片，炒至黃瓜變較深色即可滴下麻油、盛盤。

涼拌木耳

材料 乾木耳 1-2 大匙或新鮮木耳亦可、西芹 1 支
山藥 200 公克、蔥末 1/2 大匙、薑末 2 茶匙

調味 芥末醬 1 茶匙、淡色醬油 1/2 大匙
醋 1 茶匙、味醂 1 茶匙、鹽適量
麻油 1/2 茶匙

做法
1. 木耳摘好，撕小朵一點，用熱水汆燙一下，撈出、瀝乾水分，放在盤子上。
2. 西芹削去老的筋，切成寬條，在水中快速汆燙 5 秒鐘，撈出，放在木耳上。
3. 山藥削皮、切成粗條，也放在木耳上。
4. 調味料調勻，加入蔥末和薑末，淋在木耳上。

白木耳

白木耳能保護肝臟，抑制腫瘤生長及嫩膚美容等功效。

亦稱銀耳或雪耳，以其色白如銀，形如人耳得名。銀耳一般製成乾品，以乾燥、色微黃、朵大體輕、有光澤、膠質厚者為佳品。含有植物膠質，可清除消化後的殘渣，所含的磷則能消脂瘦身。

現代藥理研究證明，銀耳對老年慢性支氣管炎、肺原性心臟病有一定的治療作用，能提高肝臟解毒能力，達到保護肝臟的作用，銀耳亦含有抗癌多醣 A、B、C，對腫瘤生長有抑制作用，還可袪病延年，嫩膚美容。是我國傳統的藥食兩用的滋補珍品。

涼拌雙色木耳

材料 白木耳 20 公克、黑木耳 20 公克
嫩薑 1 小塊

調味 水或素高湯 3-4 大匙、鹽 1/3 茶匙
味醂 1 茶匙、白胡椒粉少許

做法

1. 兩種木耳分別泡軟、摘好；嫩薑切片。
2. 鍋中煮滾 4 杯水，放下兩種木耳汆燙一下，撈出，瀝乾水分。
3. 炒鍋中用 2 大匙油爆香薑片，放下木耳炒一下，加入調味料，再炒煮至湯汁略收乾即可盛出、裝盤。

蓮棗白木耳

材料 白木耳 50 公克、紅棗半杯
新鮮蓮子半杯、 冰糖適量

做法
1. 白木耳泡水約 2 小時，待已膨脹變軟時，用剪刀剪去蒂頭較黃、硬的部分。
2. 用熱水多沖洗幾次，也可以用熱水汆燙一下，瀝乾水分。
3. 加入約 6 杯水，用大火煮開後改小火續煮約 1 小時，可以用蒸的或者用快鍋來煮。
4. 紅棗泡水、洗淨，在銀耳煮 30 分鐘時加入同煮。
5. 新鮮蓮子洗淨，加入白木耳中，繼續煮至爛，約 20 分鐘，加入冰糖調味即可。

＊白木耳煮的軟爛度可憑個人喜好，喜歡吃脆脆的口感，可以和紅棗一起煮 20-30 分鐘，然後再加蓮子。

彩椒炒白木耳

材料 白木耳 20 公克、紅、黃、綠甜椒各 1/3 個
豆腐乾 3 片、蔥小段 3-4 段、薑片 2 片

調味 淡色醬油 1 茶匙、味醂 1 茶匙、鹽 1/3 茶匙
麻油數滴

做法
1. 白木耳泡軟、摘好，用滾水汆燙一下，撈出、瀝乾。
2. 三種彩椒切塊；豆腐乾切片。
3. 鍋中燒熱 2 大匙油，爆香蔥段、薑片，放入豆腐乾炒一下，滴下醬油先把豆乾炒入味。
4. 加入白木耳和三種甜椒，淋下約 2-3 大匙的水，再加入味醂和鹽，炒拌均勻，關火、滴下麻油、裝盤。

【海藻類】

海藻類係屬於海裡的蔬菜，種類繁多。海藻的蛋白質含量豐富，是一種營養價值極高的單細胞蛋白質，海藻所含的礦物質和食物纖維也十分豐富，主要的礦物質有鉀、鈣、鎂、碘，可預防高血壓、骨質疏鬆症、貧血和甲狀腺腫大，其中的植物纖維可預防大腸癌，另外，它還有微量元素，能促進脂質代謝，因此可以預防糖尿病和肥胖症。

海帶

海帶又稱昆布，富含礦物質鉀，能穩定體內電解質，消除疲勞，預防甲狀腺腫大症，並能補腎、益腎。

海帶根富含蛋白質、維生素、礦物質與可溶性纖維，對成長與健康有很好的助益。海帶絲富含蛋白和豐富的鈣、碘、鉀礦物質，可增加頭髮的光澤、彈力和滑潤作用，防止分叉、斷裂。

滷海帶

材料

乾海帶 1 條、老薑片 3 片
八角 1 顆、辣椒 1 支

滷汁

水 4 杯、醬油 2 大匙、鹽 1/3 茶匙
冰糖 1 茶匙、味醂 1 大匙

做法

1. 適量的油爆香老薑、八角和辣椒，注入滷汁料煮滾。
2. 乾海帶用濕紙巾擦拭一下，用剪刀剪成段，捲起，用牙籤別住，直接放入滷汁中，滷至軟度適宜。
3. 切段上桌，淋上滷汁，附上薑絲或香菜、蔥花。

海帶絲蘿蔔湯

材料 海帶絲 200 公克、白蘿蔔 1 條、薑絲 1 撮

調味 鹽適量

做法
1. 買現成的海帶絲洗淨，切成長段，用水燙煮 10 分鐘（水加醋一茶匙）。
2. 白蘿蔔切細絲，加水 6 杯煮 10 分鐘後，再加入海帶絲續煮 10 分鐘。
3. 食前加入調味料和薑絲即可。

辣炒海帶根

材料 海帶根 100 公克、乾辣椒 2 支、大蒜 2 粒

調味 零脂沙拉醬適量

做法
1. 海帶根泡水約半小時，因為海帶根較鹹，中途要換水 2-3 次，且依品種、產地不同，換水的次數不同，泡的時間也有差異。
2. 大蒜切片、乾辣椒切段。
3. 用 1 大匙油爆大蒜片和乾辣椒，加入海帶根炒一下，淋醬油、味醂、醋、糖和鹽，炒勻，關火加麻油。

海帶芽

海帶芽含蛋白質和礦物質、維生素營養，有助降低血脂肪。

海帶芽是海帶的嫩芽，有乾製品，也有半濕和新鮮的。半濕的通常含鹽較多，要用水多沖洗幾次去鹹味。乾海帶芽較薄，不能浸泡，直接丟入湯中或用冷水沖洗一下即可。

芝麻海帶芽

材料

半濕的海帶芽 100 公克
紅辣椒 2 支、芝麻 1-2 大匙

調味

鹽適量、糖 1 大匙、醋 1 大匙
麻油 1 茶匙

做法

1. 海帶芽洗淨，用冷開水泡 2 分鐘；瀝乾待用。
2. 芝麻炒熟，放涼待用；紅辣椒切片。
3. 在海帶芽和紅辣椒中加入調味料拌勻；最後撒下芝麻拌勻即可。

海帶芽煎蛋

材料 乾海帶芽 1/2 杯、蛋 3 個

調味 鹽適量、胡椒粉少許

做法

1. 海帶芽洗淨，擠乾水分；拌入調味料待用。
2. 蛋打散，加入醃過的海帶芽拌勻。
3. 以適量的熱油將蛋炒熟即成。

海帶芽丸

材料 老豆腐 1 長方塊、海帶芽 3 大匙
小香菇 5 朵、水 5 杯、蔥花 1 大匙

調味 鹽適量、蛋白 1 大匙、太白粉 1 大匙
麵粉 1/2 大匙、胡椒粉少許、麻油少許

做法

1. 老豆腐撒少許鹽，入蒸鍋蒸 5 分鐘，取出、待涼透。
2. 海帶芽洗淨，擠乾水分，切碎一點。
3. 小香菇洗淨，加水 5 杯煮開待用。
4. 將涼透豆腐去掉水分，壓成泥狀，加入調味料，仔細拌勻；再加入海帶芽抓拌及摔打至有彈性。
5. 做成豆腐丸子狀，放在蒸板上，蒸 8 分鐘至熟，取出，投入香菇湯中，再煮一滾，加少許鹽、胡椒粉、麻油調好味道即可。

羊栖菜

羊栖菜在日本素有海中蔬菜之稱，是補血的好選擇。

羊栖菜鐵、鈣含量高，有助治療貧血和便祕，羊栖菜所含的鈣質有緩和神經、強化骨骼的功效，所含鈣質量是牛奶的 14 倍，為人體一日所需的兩倍以上，所含的鐵則是菠菜的 15 倍，對於治療因疲勞或暈眩造成的貧血有很大效果。由於羊栖菜多乾燥處理過，煮食前須先浸泡 30 分鐘變軟。

涼拌羊栖菜

材料 羊栖菜 50 公克、西芹 1 支、紅甜椒 1/4 支、松子 1 大匙

調味 薑汁 1 茶匙、鹽 1/3 茶匙、醬油 1 茶匙、醋 1 茶匙、麻油 1/2 茶匙

做法

1. 羊栖菜用冷開水浸泡至脹透，洗淨、以 90℃的水燙 10 秒鐘、瀝乾。西芹切小斜片，用開水汆燙 8 分熟，撈起、迅速沖涼、瀝乾。
2. 羊栖菜、芹菜和紅甜椒絲加入調味料拌勻；裝碟、撒下烤熟的松子即可。

珊瑚草

涼拌珊瑚草

珊瑚草又稱海珊瑚，富含膠原蛋白和膠質。

珊瑚草富含膠原蛋白和膠質、鈣質，養顏瘦身、強身、常吃有助體內排毒，達到所謂吃的美容。同時經過研究發現，日本婦女罹患乳癌比一些先進國家低，這是因為他們經常吃海藻類食物，而這食物能選擇性過濾鍶、鎘等致癌物質，並排出體內已吸收的鍶。但因膠質過高，心臟病患者不宜多吃以免影響心跳的正常。

材料
珊瑚草 50 公克
紅椒絲、芹菜段、子薑絲、黑芝麻 1 大匙

調味
淡色醬油 1/2 大匙、鹽少許、麻油 1/2 茶匙
橄欖油 1 茶匙、醋 1 茶匙

做法

1. 珊瑚草以冷水泡透，約需 4-6 小時，中途要多換水，待泡脹之後，剪成適當的段，沖冷開水洗淨。
2. 將珊瑚草、芹菜、紅椒絲、子薑絲放碗中，用調味料拌勻，撒下炒香的黑芝麻即可。

海髮菜

海髮菜富含礦物質鈣、碘、鎂、鉀和食物纖維，是良好的鹼性食物來源，有益排毒。

海藻類屬於海裡的蔬菜，種類繁多，除本地產的外，尚有由日本、澳洲、阿根廷等地所進口、各式各樣的海藻類；有鹽漬的、乾燥的、新鮮的（如澎湖的海菜），或有時在傳統市場亦能買到本地的新鮮海藻類。

燴海髮菜

材料 海髮菜（乾燥）100 公克、綠豆芽 1/2 杯、芹菜段 1/3 杯
筍絲 1/2 杯、水 1 又 1/2 杯、油 1/2 大匙

調味 鹽適量，淡色醬油 1 大匙、紅麴醬 1/2 大匙、胡椒粉少許
麻油 1 茶匙、太白粉水 1 大匙

做法
1. 海髮菜洗淨，浸泡軟化待用。筍絲加水、入鍋煮 10 分鐘（水約剩 1 杯）。
2. 海髮菜放入開水鍋中（水中加油 1/2 大匙），水滾關火，汆燙 1 分鐘；撈出、瀝乾裝碟。在筍湯內加入綠豆芽、芹菜和調味料，煮成薄芡後，澆淋在海髮菜上便成。

海龍頭

海龍頭做涼拌口感很好，很適合夏天食用。

海龍頭的烹調法可比照珊瑚草，可加些芹菜、紅蘿蔔絲等喜愛的材料下去拌。海龍頭等這些乾燥的海藻類很方便貯存，可以多買一些，要吃時泡脹開即可。海龍頭要注意是一定要泡至完全脹開。

塔香海龍頭

材料 海龍頭 75 公克、薑絲 1 大匙、辣椒片適量、九層塔適量

調味 沙茶醬 1 大匙、鹽少許、糖 1 茶匙、醬油 1 茶匙、水 1 大匙
麻油 1 茶匙

做法
1. 海龍頭用水浸泡 2 小時，至完全脹開；瀝乾水分待用。
2. 熱油 2 大匙爆香薑絲，放入海龍頭、辣椒片，迅速炒勻，隨即加入調味料，大火拌炒；起鍋前放入九層塔、一拌即可。

【堅果類】

堅果在食物分類上屬於種子、豆類的一類，例如杏仁、腰果、核桃、黃豆、黑豆等等都是，所含的最大營養為天然植物蛋白質，同時還含有豐富的維生素和礦物質，高營養、高熱量、高脂肪，所幸脂肪雖高卻屬於提高良性膽固醇的不飽和脂肪酸，因此只要每次少量食用即能幫助美容健壯、抗老抗癌的作用，然而一旦變質即不可食用，否則反而可能潛伏下致癌因子，花生就是最明顯的例子。

■核桃是胡桃的種仁，又稱胡桃、合桃，油脂量稍高，但美味耐吃，很受歡迎，核桃富含維生素A1、B1、B2、C、D、E和鈣、磷、鐵、鋅、鎂等多種礦物質，可滋潤血與髮，讓皮膚細膩有光澤，並可固腎補精，溫肺定喘和潤腸，改善失眠、血氣不足，預防中老年慢性病，每次量不多，最為理想。

營養家測定500公克核桃仁相當於25公斤雞蛋或4.5公斤牛奶的營養價值，治腰膝痠軟、虛寒喘嗽都有療效，還具有健腦作用。

■松子原產於地中海一帶，松子仁是石松樹果實中的種子、去殼取出的部分，含熱量和脂肪較高，含有油酸脂、亞麻油、蛋白質，有益滋潤皮膚、溫熱腸胃、抗衰老、治療頭暈目眩、滋補虛弱的體質。

■夏威夷果是夏威夷的特產，可吃可榨油，夏威夷果質脆香滑，含有豐富的維生素B群，是維生素B1、B2、菸鹼酸、葉酸的良好來源，味美而營養豐富，可提供抗氧化物質，並能夠保護心臟血管健康，潤滑肌膚，熱量高，是體力勞動者、登山者很好的能量補給食物，減肥者不宜多吃。

■腰果又名雞腰果、介壽果，因形似腰子而得名，原產於南美巴西的東北部野生熱帶叢林中，是印第安人的主要食物來源和尊奉的神樹，目前以海南島的產量最高，富含維生素A、B1、B2、C和礦物質鈣、磷，更含錳、鉻、鎂、硒等微量元素，具有抗氧化、防衰老、抗腫瘤和抗心血管病的作用，所含的脂肪多為不飽和脂肪酸，高血脂、冠心病患者也可食用，中醫認為能潤肺、去煩、除痰，有利水、除濕、消腫、防治腸胃病、慢性痢疾的功效，但對魚、蝦等食物過敏的人宜少吃。選擇上以果仁大而飽滿者為理想。

夏威夷果
松子和腰果

堅果類的食品營養豐富，花生、核桃、腰果、杏仁、松子、榛子、夏威夷果都是常見的，除了和核桃一樣做成甜的蜜汁口味，還可以浸泡在五香鹽水中，再做成鹹酥桃仁、鹹酥腰果等，用這些堅果類來搭配茶飲都很適合。

核桃芝麻糊

材料 核桃 1/2 杯、黑芝麻粉 1/2 杯
糯米粉或在來米粉 3 大匙、鮮奶 1/2 杯
水 4 杯

調味 黑糖 2 大匙、砂糖 2 大匙、鹽 1/5 茶匙

做法
1. 核桃先用烤箱烤 4 分鐘，稍涼切成小粒狀。
2. 將核桃、黑芝麻粉、糯米粉加 2 杯水先打勻，再加入糖、鹽、鮮奶水和另 2 杯水續打均勻至極細。
3. 把 2 項的芝麻糊倒入鍋中，邊煮邊攪，至滾透即可。

蜜核桃

材料 去皮核桃仁（約 1 杯）120 公克

泡核桃料 開水 1 杯、黃糖 2/3 杯、麥芽糖 2 大匙
鹽 1/4 茶匙

做法
1. 鍋中燒滾半鍋開水（約 5 杯），將核桃仁投入煮 1 分鐘，撈出瀝乾。
2. 另在鍋內煮 1 杯開水，放下黃糖、麥芽糖及鹽，同煮 3 分鐘，然後加入核桃仁再煮滾，關火，浸泡 4 小時左右。
3. 用漏勺瀝乾核桃仁，放進預熱至 150 ℃的烤箱中，小火、低溫慢慢烤至酥黃，中途要翻面一次。
4. 取出、撒上芝麻，待涼透後可以裝瓶，慢慢食用。

南北杏

美國杏仁

杏仁

杏仁分為南杏與北杏，可以止咳化痰、治療哮喘。

北杏帶苦味，又稱為苦杏，南杏則為甜杏。自古以來就做為止咳化痰、治療哮喘和便祕的藥物。也可消除疲勞和女性的虛冷症。杏仁粒如要打汁喝，不可久煮或在蔬果汁機裡打太久，可以最後再加入，略打即停，否則會破壞營養。因杏仁對中樞神經有鎮靜的功能，所以不能食用過量。

另有一種美國杏仁，顆粒大，味甘甜，為常食用的堅果之一，有杏仁片，杏仁條和杏仁角等不同形狀。

南北杏燉木瓜甜湯

材料
南杏 1 大匙、北杏 1/2 茶匙
白木耳 30 公克、木瓜 1/2 個

調味
蜂蜜或椰漿適量

做法
1. 白木耳泡軟、洗淨，撕成小塊，用熱水燙 20 秒鐘，撈出、瀝乾。
2. 白木耳加兩種杏仁和 5 杯水，以大火煮開，改小火煮到白木耳軟透。
3. 木瓜挑選較硬的，去皮、去籽，切成小塊，放入煮好的湯中滾一下，加入蜂蜜或椰漿調味即可。

瓦片杏仁

材料 蛋白 80 公克、黃砂糖 80 公克
全麥麵粉 30 公克、杏仁片 200 公克

做法
1. 將蛋白和黃糖放在盆中，隔水加熱攪拌至糖溶化。
2. 加入全麥麵粉和杏仁片，輕輕地拌勻。烤盤上鋪上不沾布或者塗上油，放下約 1 大匙杏仁麵糊，用叉子慢慢推開成薄片。
3. 烤箱預熱至 170℃，放入杏仁片，烤 15-16 分鐘。
4. 取出後趁熱將杏仁片取下，放在橄麵棍上，用手壓成弧形，待涼後取下。

杏仁奶

材料 南杏 3 大匙、北杏 1 茶匙

做法
1. 杏仁洗淨，加入 1/2 杯的水，用果汁機打到完全沒有顆粒。
2. 鍋中煮滾 1 杯水，將打好的杏仁汁倒入鍋中，用小火煮滾，即可關火，亦可加入少許蜂蜜調味。

＊有研磨機時可以將杏仁先打成細粉末，再加水來煮。
＊北杏有止咳嗽、潤燥的功效，效果比南杏強，可以加在南杏中打汁，但因為有苦味，不宜多加，一般比例為 6-10：1 即可。

【茶】

自古以來，茶就是中國的「國飲」，同時也被視為日常保健養生的飲料，綠茶含有維生素 A、C、B1、B2、鐵，經實驗證明有抗氧化作用，可降低血中不良膽固醇、降血脂、抑制血壓上升、抑制血小板凝集及有抗菌、預防蛀牙、消除口臭等功效，可說是現代人對抗文明病的最佳良方。

綠茶所含的多酚類成份（Polyphenols）兒茶素及抗氧化 維生素（Antioxidant Vitamins）（β-胡蘿蔔素、維生素 C、E）能夠延緩老化、降低高血脂和高血壓，增進口腔健康及預防感冒、預防癌症、防止基因突變、抑制惡性腫瘤生長，綠茶因此被日本人視為長壽之寶。

烏龍茶也屬綠茶，泡茶喝很能生津解渴，除煩去燥，含有大量的氟，可以和牙齒中的磷灰石結合，具有抗酸防蛀牙的效果，所含兒茶素能夠減少在口腔中造成蛀牙的變形鏈球菌，同時除去難聞的口氣，所含的類黃酮素抗氧化成份能夠有效對抗空氣污染和抽煙的傷害，而這種成份在茶類、洋蔥、紅酒當中也都存在，有益保護肺部，多喝烏龍茶、綠茶，有助降低罹患胃癌、肝癌、食道癌、心臟病的機率。

水果花茶通常包含蘋果、柑橘、玫瑰、紅茶等成分，各廠商的組合配置不盡相同，蘋果 甘涼，具有潤肺和補中益氣的功效，是重要的食療佳品，含有 纖維、灰分、鈣、磷、鐵、胡蘿蔔素、核黃素、菸鹼酸、抗壞血酸等營養。一般水果花茶的功能主要為生津解渴、紓壓寧神，是天然的、溫和的保健飲料，尤其含有豐富的維生素 C，有益養顏美容，滋潤肌膚。

茶葉

茶味滷蛋

材料 烏龍茶汁或紅茶汁 2 杯、白煮蛋 6 個

調味 醬油 3 大匙、冰糖 1 大匙、八角 2 顆
月桂葉 2 片

做法
1. 蛋煮熟，剝去蛋殼。
2. 茶汁加上調味料及蛋，用中小火滷至入味（約 20 分鐘）。
3. 熄火，續燜 2 小時後再食用，味道更佳。

綠茶豆腐

材料 綠茶汁 1 杯、豆腐 1 塊、香菇 3 朵
新鮮木耳適量、胡蘿蔔片 2 大匙

調味 醬油 1/2 大匙、糖 1 茶匙、鹽少許
太白粉水 1/2 大匙、麻油少許

做法
1. 用綠茶或綠茶粉泡出茶汁備用；香菇泡軟；木耳摘成小朵。
2. 豆腐切成片狀後，用適量的油煎黃兩面。
3. 另用 1 大匙油炒香菇、木耳、胡蘿蔔，至有香氣後淋下醬油，並將豆腐下鍋，放入糖、鹽和茶葉汁，燒煮至入味。
4. 淋下適量太白粉水將豆腐勾芡後，滴入少許麻油即可。

水果花茶

材料 柳丁 2 個、蘋果 1/4 個、奇異果 1 粒
紅茶包 1-2 袋、蜂蜜

做法
1. 柳丁 1 個半榨成汁，另外半個和蘋果、奇異果分別切成小塊，放入茶壺中。
2. 加入茶包，沖入開水，再放到爐上煮滾一下。
3. 飲用時加入適量的蜂蜜或果糖。

* 水果中只要有香氣的都可以加入，例如百香果、金桔、葡萄柚、檸檬。
* 水果多、泡茶的水不夠熱，難以帶出水果的香氣，因此可以煮一下、或以酒精燈或小電爐保溫。

牛奶

牛奶富含鈣、磷、維生素 B2、脂肪，對於改善骨質疏鬆症、老化、躁鬱和護膚均有幫助。

牛奶含有豐富蛋白質、鈣質，更是成長中嬰幼兒、青少年、孕婦的最佳營養補充食品。怕胖的人可以選擇脱脂或低脂牛奶，並以原味鮮奶為最純正的選擇。

處於空氣污染環境中的人，可儘量多喝牛奶，去化解身體內累積的毒素。在吃麻辣鍋的同時或之後也可多喝牛奶，解辣，減輕對於腸胃的刺激，可保健養生。

鮮奶水果凍

材料

鮮奶 2 杯、果凍粉適量
水蜜桃片櫻桃或其他喜愛的水果

做法

1. 先用半杯鮮奶融化果凍粉，再倒入剩餘的鮮奶調勻，放入鍋中，用小火煮到果凍粉完全融化成液體狀。
2. 煮好的牛奶凍倒入模型中，放入冰箱冷藏至凝固即可。
3. 將喜歡的水果切片或切丁，放在牛奶凍上，可以直接挖著吃，或者加入糖水，做成甜的湯品。

＊果凍粉因為每個牌子的用量不同，請依照使用說明來做。

水果燕麥牛奶

材料 即食燕麥片 2 大匙、鮮奶 1 杯
蘋果 1/4 個、香蕉 1/2 根、葡萄乾 2 大匙

做法
1. 燕麥片用半杯熱開水沖泡、放涼備用。
2. 香蕉去皮、切片；蘋果切丁。
3. 鮮奶加入放涼的燕麥片中拌勻，再加入香蕉、蘋果，撒上葡萄乾即為非常營養的早餐。

*即食燕麥片用煮的會更軟滑，可以一次多煮一些，以保鮮盒盛裝，吃的時候取用 2-3 大匙，非常方便。只要水滾後放入燕麥片，小火煮 3-5 分鐘，煮時水可以多一點，燕麥片會膨脹。

酪梨牛奶汁

材料 酪梨 1/4 個、牛奶 400 cc、蜂蜜適量

做法
1. 要選用較熟的酪梨，切開、去核，挖出酪梨肉，放果汁機中。
2. 加入牛奶、冰塊打成果汁，可加入適量蜂蜜調勻。

*牛奶是打果汁時非常好的搭配，木瓜牛奶汁堪稱是代表，以牛奶代替水，再加些冰塊或冰水一起打。牛奶和水果的比例可以自行調整，如果用打出來會較濃稠的水果時，就可以多加些牛奶或水。

苜蓿芽

苜蓿芽含豐富蛋白質、礦物質與微量元素，是一種低熱量且營養豐富的天然鹼性食物。

苜蓿芽又稱西洋芽菜，所含蛋白質是小麥的 1.5 倍，並含有礦物質鈣、鎂、鉀、鐵、磷、微量元素硒、鋅、維生素 A、B 群、C、D、E、K、菸鹼酸、泛酸、葉綠素及氨基酸，且含有多種分解酵素，鹼性度高達 61.5，可幫助葷食者中和體內血液的酸性。

苜蓿芽在歐美地區是做為家畜的牧草、飼料，或做為綠肥之用。因近年來流行生機飲食而大為風行，放入果汁機裡打汁，過濾後也是一杯營養的果菜汁。

苜蓿芽可預防營養不良、便祕、神經質等症狀，也可消除頭、腰、四肢疲勞，並預防乳癌、子宮頸癌、心血管疾病，且因為含有豐富天然植物雌激素，對於尿路結石及夜盲患者也有幫助。

因為是嫩芽，生吃前要先泡水 10 分鐘以上去苦鹼毒素，打汁則注意不可在果汁機中攪拌太久，以免破壞它的纖維質和營養。

南瓜子芽菜沙拉

材料 苜蓿芽 1 杯、黃甜椒 1/2 個
紫高麗菜絲 2 大匙、南瓜子 2 大匙

調味 檸檬汁 2 大匙、優格 1/2 杯

做法

1. 南瓜子烤 3 分鐘（烤的過程中須翻動，以免烤至焦黑及爆裂開）。
2. 苜蓿芽洗淨、泡水 10 分鐘後瀝乾；黃甜椒切條。
3. 盤中放適量的苜蓿芽和紫高麗菜絲、黃甜椒，最後撒上南瓜子；淋上調勻的優格醬即可。

苜蓿芽三明治

材料 苜蓿芽 1 杯、番茄 1 個、小黃瓜 1 支
全麥麵包 4 片、零脂沙拉醬適量

做法
1. 番茄和小黃瓜切片備用。
2. 烤過的全麥麵包上塗抹一些零脂沙拉醬，鋪放一片萵苣生菜葉，擺上 1-2 片番茄片、黃瓜片、適量的苜蓿芽，再蓋上一片塗了沙拉醬的麵包。
3. 將三明治略為壓緊、再斜角切成三角形。

苜蓿芽味噌湯

豆腐 1 方塊或 1/2 盒、海帶芽 1 小把
苜蓿芽 1 杯、素清湯 4 杯

味噌 1 大匙

1. 豆腐切成小方塊，放入素清湯中煮 3-5 分鐘。
2. 海帶芽用冷開水泡一下，水倒掉。
3. 把調稀的味噌倒入湯中，嘗一下味道，可加鹽做調整。
4. 放下海帶芽和苜蓿芽，關火即可。

蒟蒻

蒟蒻是高纖維、低熱量的食物，吃了少量就很快有飽足感，是愛美女性減肥塑身的良伴。

蒟蒻又稱為魔芋，製法是把塊莖洗淨，切片後經日曬、研磨而成粉，再用大量的水過濾後混合，製成成品。常見的形狀有麵條狀、小卷狀等，方便用於烹飪。

蒟蒻含有礦物質鈣、鐵、鉀和纖維，對於便祕、肥胖、糖尿病、大腸直腸癌患者都有改善的益處，還可降血脂、降血糖和降血壓。

宮保蒟蒻

材料
花狀蒟蒻 150 公克、青椒 1 個
乾辣椒 2 大匙、花椒粒 1 茶匙
薑末 1 茶匙

調味
醬油 1 大匙、糖 1 茶匙、水 2 大匙
醋 1 茶匙、麻油少許

做法

1. 蒟蒻片先用開水燙一下、沖涼；青椒去籽、切塊；乾辣椒擦乾淨。
2. 用適量的油炒香乾辣椒，盛出，再放下花椒粒和薑末爆香，加入蒟蒻和青椒快速炒一下，淋下調味料，再炒煮至滾。
3. 加入乾辣椒後拌勻，關火盛出。

黃瓜拌蒟蒻

材料

蒟蒻絲 1 杯、綠豆芽 1/2 杯
黃瓜絲 1/2 杯、子薑絲 2 大匙
香菜適量

調味

淡色醬油 2 大匙、味醂 1 大匙
麻油 1 大匙、醋 1 茶匙

做法

1. 小黃瓜整條放入 95℃的水中浸泡 1 分鐘，撈出後立刻泡入冷水中，涼後切成絲。
2. 蒟蒻絲和綠豆芽分別用開水燙一下，撈出、沖過涼水、瀝乾水分。
3. 加入調味料、仔細拌勻即可。

紅燒蒟蒻

材料

蒟蒻製品 200 公克、巴西蘑菇 4-5 支
胡蘿蔔 1/2 小支、豌豆片數片、筍片數片
木耳數朵、薑片 2 片、八角 1 粒

調味

淡色醬油 2 大匙、味醂 1 大匙、麻油少許

做法

1. 蒟蒻製品切厚片；巴西蘑菇直切片；胡蘿蔔切塊；木耳泡軟、撕成片。
2. 用 2 大匙油炒香薑片和八角，再加入所有材料（豌豆片除外），炒一下後加入醬油和味醂，炒勻後加入水 1 杯，煮 5-6 分鐘。
3. 最後加入豌豆片，大火煮至汁將收乾，滴下麻油拌勻。

＊蒟蒻製品的造型及味道有許多種，可以按照自己喜歡的來買，本食譜中用的是海參形狀。

蛋白

蛋白所含的天然動物蛋白質可建構細胞的生長，幫助發育、補充營養、強壯體力。

蛋黃是酸性食物，蛋白則是鹼性食物，所以可多攝取蛋白，建議如為增進健康、鹼性的攝取，儘量選購有機蛋，沒有抗生素和生長激素的健康蛋，

蛋白三絲

材料

蛋白 3 個、絲瓜 1/2 條
黃豆芽 1 杯、胡蘿蔔絲 2 大匙
子薑絲 1 大匙

調味

（1）鹽 1/4 茶匙、太白粉水 1 大匙
（2）白味噌 1/2 大匙、香菇醬油 1 大匙
醋 1 茶匙、麻油 1 大匙
松子 1 大匙

做法

1. 蛋白加調味料（1）打勻，入鍋煎成薄蛋皮，再切成絲狀。
2. 絲瓜僅取外層綠色部分，切成絲。
3. 黃豆芽入開水鍋中先燙 2 分鐘後，關火、再放胡蘿蔔絲和絲瓜絲續燙 1 分鐘，撈起，迅速用電風扇吹涼。
4. 蛋白絲和子薑絲以及燙過的 3 種材料混合，加入調勻的調味料（2），拌合均勻即可。

蛋白番茄盅

材料 雞蛋 3 個、番茄 1 個、黃甜椒少許
檸檬汁少許、香菜 1 支

調味 鹽適量、黃砂糖 1/2 茶匙

做法
1. 鍋中放冷水、加少許鹽，將生雞蛋放進去，用中火煮熟，撈出泡入冷水中，剝去蛋殼。
2. 番茄、黃甜椒切小丁，香菜切碎，加檸檬汁和調味料全部拌勻。
3. 把雞蛋用利刀從中間切開，取出蛋黃，將拌好的番茄料填入即可。

＊剛開始煮時、要邊煮邊攪 ，煮熟後蛋黃才會在中間。

蒸蛋白

材料 蛋 4 個、玉米粒 2 大匙

調味
（1）鹽 1/3 茶匙、味醂 1/2 茶匙、水 2 杯
（2）醬油 1 大匙、味醂 1 茶匙、水 1/2 杯
太白粉水適量、麻油 1/2 茶匙
胡椒粉少許

做法
1. 蛋取用蛋白，放在大碗鍋中打勻。
2. 調味料（1）在鍋中煮至剛滾即關火，趁熱沖入蛋白汁中，邊沖邊攪打蛋汁，加完後篩網過濾到碗中，移入蒸鍋、蒸約 15 分鐘至熟。
3. 小鍋中放入玉米粒和調味料（2），煮滾淋在蛋白上。

水果類

葡萄

葡萄俗稱提子，能養顏，助消化，增進肝、腎功能之效。

果肉的葡萄糖含量高於一般水果，可直接被腸壁吸收，轉成熱能，有益養顏、利尿、調節心跳，補血安神，加強肝、腎功能，幫助消化，葡萄還含有果酸，可中和胃酸治療胃病，並能養血固腎，強壯體質，肺虛、咳嗽、胎動不安、腎炎患者特別適合吃葡萄或喝葡萄汁補身。

葡萄不但果肉有益，連皮和核也是寶，法國人認為紅酒有益健康，因為酒中的葡萄肉、皮和核及所含的豐富維生素 C、B12、E、P 對心臟血管很有益處。法國和加拿大的科學家則發現葡萄酒中含有大量維生素 B12，可抗病毒，也是治療貧血的特效藥。選購葡萄，以鮮亮為主，要選皮色光亮無斑痕、表面有白粉狀糖霜、果粒大而飽滿的。

葡萄子薑

材料　子薑 300 公克、葡萄 1/2 杯
鹽 1 大匙

調味　純釀蜂蜜 2 大匙、醋 2 大匙

做法

1. 子薑切成薄片，加鹽抓拌，醃 10 分鐘，用冷開水漂洗一下。
2. 葡萄把皮、肉分開待用。
3. 將醃過的薑略沖洗一下，擠乾水分，置入大碗中，加入葡萄皮和調味料後；用手抓拌（以利葡萄皮的紅紫色汁液滲出）至薑片呈紫紅色。
4. 裝碟，並以葡萄肉圍邊、以增美觀。

葡萄汁

材料 葡萄 200 公克、蔓越莓乾 2 大匙
蜂蜜 1 大匙、水 2 杯、冰塊 1/2 杯

做法
1. 葡萄洗淨、瀝乾水分。
2. 蔓越莓乾泡入 1 杯水中，約 20 分鐘，連汁一起倒入果汁機中，加入葡萄、蜂蜜和冰塊，一起打匀。
3. 可以連皮和籽一起喝，如覺得有澀味，可以將葡萄剝皮後再打汁。

葡萄乾果醬

材料 白葡萄乾 300 公克、檸檬汁 1 茶匙

做法
1. 葡萄乾泡水，水要超過葡萄乾約 2 公分高，泡至葡萄乾脹大。
2. 連泡的水一起打成細泥狀，拌入檸檬汁攪匀即可。
3. 葡萄乾太甜時可以再加多檸檬的量。

*葡萄乾含維生素 C、鈣、鉀、鎂、磷，有益改善心臟病、中風、骨質疏鬆症。

水果類

梅子

梅子含豐富的有機酸，可消除疲勞，維持血液正常的酸鹼性，中和有毒物質，減輕肝臟負擔。

梅子的有機酸，可促進體內糖分代謝，避免乳酸堆積，梅子釀醋能殺菌排毒，把容易致病的酸性體質導正成健康的鹼性體質，最能消除疲勞；梅子加紫蘇浸漬成紫蘇梅則很養生、促進健康，可做調味料，有助把容易罹患慢性病的酸性體質轉變為正常的鹼性體質。消除疲勞和緊張，滋補美容，促進血液循環和通暢大小腸，並能殺菌，幫助消化體內脂肪。

梅汁番茄

材料　番茄 3 個、話梅 4 粒

做法
1. 話梅去籽、切成非常碎的粉末狀。
2. 番茄洗淨、切小塊，加入碎話梅拌勻，放入冰箱冰涼一會兒，使番茄略軟化、吸收梅子的味道。
3. 吃時可以再撒一些切碎的梅子粉，拌上九層塔絲增加香氣。

梅子彩椒

材料　紅、黃甜椒各 1 個、青椒 1 個、話梅 4 粒或其他梅子

做法
1. 紅、黃甜椒和青椒均去籽、切成適口大小的塊狀。
2. 話梅選大顆粒的，切下梅肉，拌入甜椒中。
3. 放入冰箱冰約 1 小時，使梅子生汁、甜椒入味。

梅醬 VS 梅醬拌生菜

材料　紫蘇梅 12 粒、高麗菜 1/4 顆

做法
1. 紫蘇梅剝下梅肉、略切碎，連梅子核一起加水約 1/2 杯，上鍋蒸 10 分鐘。
2. 撿除梅核，用叉子把梅肉再壓碎一些，攪拌成細泥狀，依個人口味可以調一些蜂蜜，做成梅醬。
3. 高麗菜洗乾淨、切絲，用冷開水或過濾水沖洗乾淨，也可以放入冰水中泡 5-10 分鐘使高麗菜更脆爽。
4. 瀝乾高麗菜的水分，放入盤中，上面淋上適量的梅子醬即可。

鳳梨

鳳梨含多種維生素、礦物質及豐富的纖維可幫助消化。

含有維生素 A、B、C 和 E，尤以維生素 C 含量為最多，其他還含有礦物質鈣、鐵、磷、石灰、酵素，能分解植物脂肪。鳳梨纖維多，適宜飯後食用，能幫助消化和解除便祕。鳳梨汁能消腫、怯溼，幫助消化，舒緩喉痛。

鳳梨炒木耳薑絲

材料 鳳梨 1/4 個、新鮮木耳 1 杯
子薑片 1 大匙

調味 鹽、糖各適量

做法
1. 鳳梨切厚片；木耳沖洗後撕成小片。
2. 鍋中放入 1 大匙油燒熱，先爆香薑片，加入木耳拌炒，再將鳳梨加入炒透，最後加鹽調味即可。

鳳梨果汁

材料 鳳梨 1/4 個、蘋果 1/2 個、黃金奇異果 1 個、芒果 1/2 個
冰水 400 cc

做法
1. 鳳梨去皮、切片；蘋果去籽、切片。
2. 奇異果削皮切成 4 塊；芒果取果肉。
3. 將所有材料放入果汁機中，加冰水打匀即可。

鳳梨炒飯

材料 鳳梨 1/4 個、洋蔥 1/4 個、青豆粒 2 大匙
胡蘿蔔丁 2 大匙、烤熟腰果 2 大匙、糙米飯 2 碗

調味 鹽、胡椒粉各適量

做法
1. 鳳梨切小片；洋蔥切丁；冷凍豌豆要用熱水汆燙一下；胡蘿蔔小丁也燙半分鐘；腰果大略切幾刀。
2. 鍋中熱 2 大匙油，放下洋蔥丁炒香，加入飯炒熱，加入胡蘿蔔和青豆再炒熱，把鹽和胡椒粉均匀的撒入炒飯中，加入鳳梨片炒兩三下即可裝盤。
3. 撒下腰果粒或其他喜愛的堅果類增加香氣即可。

水果類

香蕉

香蕉能幫助消化、促進腸道蠕動，生食香蕉能止渴潤肺，熟食更有通血脈、益骨髓、潤腸臟、利咽喉等作用。

近代醫學指出香蕉富含蛋白質、碳水化合物、 纖維、維生素 A、B1、C、E 及鈣、鐵、磷、鉀等，建議用香蕉輔治高血壓，因它含鉀量豐富，可平衡鈉的不良作用，並促進細胞及組織生長。德國研究則稱用香蕉可治抑鬱和情緒不安，因它能促進大腦分泌腦內啡化學物質，同時鉀能防止血壓上升及肌肉痙攣，而鎂則具有消除疲勞的效果。

香蕉還含豐富的電解質，有助平衡體液、收縮肌肉及控制心跳，所以很多運動員在運動後都會吃一根香蕉。

雖然香蕉營養多，不過飯前不宜進食，以免傷及腸胃，宜在飯後食用。

煎香蕉

材料 香蕉 2 根、橄欖油適量

調味 楓糖漿適量、肉桂粉少許

做法
1. 香蕉要挑選生一點的，去皮、直切對半。
2. 鍋中放入 1 大匙油，燒熱後將香蕉表面向下、先煎外表，翻面再煎，至兩面均煎黃，盛盤。
3. 淋上楓糖漿、撒上肉桂粉，趁熱食用。

香蕉核桃汁

材料 香蕉 150 公克、核桃 20 公克
冰開水 200 公克

做法 香蕉去皮切小塊，加入核桃和冰開水，用果汁機打得非常勻細即可。

西瓜

西瓜去暑退火，對防治腎病及高血壓者很有助益。

西瓜富含維生素 C、A、鉀。西瓜可製成有名的中藥「天生白虎湯」，性寒涼，胃寒、孕婦固然不宜，身體雖略帶燥熱，但底子虛寒的人也不可多吃，否則會暈眩、作悶。

夏季去暑熱、防治腎病、高血壓、消浮腫者可吃西瓜，西瓜果肉清熱退火，排毒散瘡，選購綠皮條紋、外觀明顯，而用手指敲彈起來聲音響脆的最鬆甜好吃。

西瓜綠皮內淺綠色的較硬瓜果部分稱為西瓜綿或翠衣，中醫用於祛毒、治瘡、退熱火。打西瓜汁消暑利尿，降血壓，效果迅速。

涼拌西瓜綿

材料

西瓜 1 大片、大蒜 2 粒
紅辣椒 1 支

調味

鹽 1/4 茶匙、醬油 1 茶匙
水果醋 1 大匙、黃砂糖適量
麻油少許

做法

1. 把西瓜的紅肉部分切下留著不用，再把白色部分切下，切成薄片，加入鹽拌勻、放至微軟。
2. 大蒜剁碎；辣椒去籽、切絲備用。
3. 用冷開水將西瓜白肉洗淨、擠乾水分，加入大蒜、辣椒和調味料拌勻，放入冰箱冰 1-2 個小時，待入味即可。

酪梨

酪梨滋養、強壯，被營養師選為 12 種長壽營養食材第一名。

它富含大量的優質植物蛋白質，幫助成長、健美。所含的是多元不飽和脂肪酸，可以去除血中油脂及膽固醇，同時適合體質瘦弱、肥胖者或糖尿病患者食用，具有養顏、美容、防止動脈硬化、身體老化的效益。常與牛奶合用，打汁非常美味。

酪梨一定要放到外皮變褐色，按壓下去已軟化了才好吃，變軟後就要儘快食用或放入冰箱中，以免很快就過熟了。

酪梨檸檬冰沙

材料

酪梨 1 個、檸檬 1 個
果糖適量

做法

1. 酪梨洗淨、切成兩半，將中間籽去掉，用湯匙將果肉挖出。
2. 檸檬擠汁。
3. 用調理機將酪梨和檸檬汁一起打成細泥狀，放入冷凍庫中冰至凝固即可。

*如果汁機打不動時，可適量加水來打。
*酪梨含有脂肪，因此需較長時間才能解凍，不做冰沙、只是略冰一下也可以。

酪梨沙拉盅

材料 酪梨 1 個、蘋果、水梨、火龍果 1/3 個
奇異果 1 個、櫻桃等各色當季水果適量

做法
1. 酪梨洗淨、在外皮直切一圈刀口，旋轉酪梨，即可將酪梨分成兩半，去掉籽，也可以挖除一些酪梨果肉，使中間空間大一些。
2. 各種水果洗淨、切小塊，放入酪梨洞中，也可以撒上一些黑芝麻或切碎的堅果。

酪梨三明治

材料 酪梨 1/2 個、雜糧麵包 4 片、西生菜葉 2 片
蘋果 1/2 個、核桃 3-4 粒

調味 零脂沙拉醬適量

做法
1. 西生菜葉洗淨、擦乾水分；酪梨去皮，和蘋果分別切成約 0.3 公分片狀。
2. 取一片麵包，塗上少許沙拉醬，放上一片西生菜，再放上兩片蘋果、最上面排上一層酪梨片，撒上切成丁的核桃粒，再蓋上一片麵包即可。

＊三明治的材料很隨意，番茄、黃瓜、苜蓿芽、豌豆嬰……均可。

水果類

水梨

梨子自古被尊為百果之宗，以治咳潤肺功效享譽盛名。

可清肺、滋潤肺部，化出上呼吸道長期感染後積存在肺內的瘀痰，但體質偏寒、濕痰者不宜多吃。梨富含營養，除蛋白質、脂肪、糖、維生素以外，還含有鈣、磷、鐵，可治感冒、急性支氣管炎、咳嗽失音、便祕，並解酒毒。

但它性質帶寒，體質虛寒、寒咳者不宜生吃，必須隔水蒸過，或者與藥材川貝清燉飲用。

水梨冷湯

材料　紅番茄 2 個、水梨 2 個、蘋果 1 個、黃瓜 1/2 支

做法
1. 水梨先切下幾片梨肉，其餘的切塊；蘋果切小塊；番茄切小塊。
2. 黃瓜切片，用 95℃的水快速燙一下。
3. 用 1 大匙油炒番茄，見番茄變軟，加入 6 杯水，再放入水梨塊和蘋果塊，以小火煮 30 分鐘。
4. 湯涼了之後過濾，放入水梨片和黃瓜片即可。

＊番茄煮到濃縮時、自然會有微微的鹹甜滋味，不必另外調味。

潤肺湯

材料　水梨 2 個、蘋果 1 個、紅棗 10 粒、南杏 2 大匙、北杏 1 茶匙

做法
1. 水梨、蘋果洗淨，切小塊；紅棗、杏仁洗淨，一起放入鍋中。
2. 加入約 5 杯水，用大火煮開後改小火續煮，約 40-50 分鐘即可。
3. 如果不吃水果，只喝湯，可以煮 1-2 小時，把水果完全煮爛，放涼，將湯汁過濾。

冰糖燉梨

材料　水梨 1 個、冰糖 2 大匙

做法
1. 水梨洗淨、去皮、去籽，切成大塊，放入碗中、加入冰糖。
2. 移入電鍋中，蒸約 30-40 分鐘即可。

＊比較講究是整個梨不切，挖除中間核籽，把冰糖放入中間，整個梨蒸 1 個半小時至 2 小時，使梨完全軟化。

木瓜

木瓜有萬壽果之稱，多吃可延年益壽。

所含酵素近似人體生長激素，多吃可保持青春，而蛋白分解酵素，有助分解蛋白質和澱粉質，幫助消化。醫書云「脾為後天之本」，吃水果能幫助消化和吸收，進而健固脾胃，木瓜味甘、性平、微寒，助消化之餘還能消暑解渴、潤肺止咳。

青木瓜比其他水果都更具有健胃整腸的效能，有助防治腸胃道潰瘍疾病，更具幫助女性豐胸的良好效果，適合用來做沙拉或燉雞湯、燉排骨湯、燉鱸魚等。木瓜汁消滯潤肺，幫助消化蛋白質，有塑身減肥的效益。

涼拌青木瓜

材料 青木瓜 1/4 個、小番茄 5 顆
小辣椒末少許

調味 檸檬汁 1 大匙、糖 1/2 茶匙
魚露 1 大匙、味醂 1/2 大匙

做法
1. 青木瓜削皮，再刨成絲。
2. 小番茄切半，大一點的可一切為四；辣椒切小丁。
3. 將青木瓜絲和調味料先混合，用桿麵棍將木瓜絲搗軟一點以便入味。
4. 加入小番茄和紅辣椒再拌勻，即可裝盤。

木瓜牛奶

材料 木瓜 1/2 個、鮮奶 2 杯

做法 木瓜去皮、去籽，切小塊，和鮮奶一起放入果汁機裡打勻即可。

青木瓜燉湯

材料 青木瓜 1/2 個、生腰果 1/2 杯、
新鮮香菇 4-5 朵

調味 鹽適量

做法
1. 青木瓜去皮、去籽，切小塊，放入鍋中，加入腰果和 3 杯水，用大火煮滾，改小火煮至木瓜略軟。
2. 加入切塊的鮮香菇，再煮 1-2 分鐘，加鹽調味即可。

椰子

椰子是熱帶地方之寶，脂肪和蛋白質含量特多。椰肉性溫，椰汁清涼退火，除煩去熱，椰子粉清香可做甜點。

整體而言，椰漿能補陽火，且能強身健體，最適合身體虛弱、四肢乏力、容易倦怠的人享用，尤其是椰子糯米燉雞，效力特佳，因為椰肉、糯米和雞肉皆滋補，以燉湯方式處理，補益功效更加顯著

不過，體內熱盛的人不宜常吃椰子，例如長期熬夜晚睡，愛吃煎炸食物、容易發脾氣、口乾舌燥的人要少吃椰子，否則反致上火，除非加沙參、百合、石斛清熱養陰；加冬瓜子可瀉肺火；加性涼的雪耳或清補的黃耳可中和椰子的溫燥。

患寒咳時，不妨吃些椰肉，能止咳化痰補火。

鮮果椰奶

材料

椰果、西瓜、香瓜各適量
或各色當季新鮮水果適量
椰漿半罐、冷開水適量

做法

1. 酪水果切片或切丁備用。
2. 椰漿加冷開水、調到適當甜度，將切好的水果和椰果加入略為拌勻，放入冰箱冰冷即可。

椰絲糯米球

材料 糯米粉 2 杯、太白粉 2 大匙、椰子粉 1 杯
紅豆沙 1 杯、熱開水 1/2 杯

做法
1. 太白粉加入熱開水、調成濃稠狀，將糯米粉加進去，用筷子拌開，慢慢加入冷水，揉成適當軟硬度，蓋上保鮮膜放涼備用。
2. 紅豆沙分成適當大小，搓圓備用。
3. 糯米糰分成適當大小，略微壓扁，包入 1 粒紅豆沙，搓成圓形。
4. 把做好的糯米球放在刷了油的蒸盤中，不要互相沾黏，以免蒸熟後不容易分開，以大火蒸約 10 至 12 分鐘。
5. 把椰子粉倒入平盤中，將蒸好的糯米球趁熱放在椰子粉上、快速滾上一層椰子粉即可裝盤。

椰漿紫糯米

材料 新鮮芒果 1 個、椰漿 1 杯、紫糯米 1 杯

調味 黃糖 1 大匙、鹽 1/6 茶匙

做法
1. 紫糯米洗淨，放入碗中，加入水 1 杯，煮成糯米飯。
2. 飯熟後趁熱加入椰漿和調味料拌勻。
3. 芒果削皮、切成片狀。
4. 糯米飯放在盤中，上面鋪排上芒果，再淋下一些椰漿即可。

最佳保健養生寶典

吃對鹼性食物

讓你遠離文明病

作　　者 程安琪、陳盈舟

發 行 人 程安琪
總 策 畫 程顯灝
編輯顧問 錢嘉琪
編輯顧問 潘秉新

總 編 輯 呂增娣
主　　編 李瓊絲
編　　輯 吳孟蓉
編　　輯 程郁庭
編　　輯 許雅眉
美術主編 潘大智
美術設計 王欽民
行銷企劃 謝儀方
出 版 者 橘子文化事業有限公司

總 代 理 三友圖書有限公司
地　　址 106台北市安和路2段213號4樓
電　　話 (02) 2377-4155
傳　　真 (02) 2377-4355
E－mail service@sanyau.com.tw
郵政劃撥 05844889 三友圖書有限公司

總 經 銷 大和書報圖書股份有限公司
地　　址 新北市新莊區五工五路2號
電　　話 (02) 8990-2588
傳　　真 (02) 2299-7900

改　　版 2013年12月
定　　價 新臺幣199元
ＩＳＢＮ 978-986-6062-37-7（平裝）